Midjourney
AI圖像魔導書
搭配ChatGPT魔法加倍

前言

Midjourney 抓得住我

一、攝影大師安塞爾·亞當斯振聾啟聵的名言

最近在整理本書的內容，發現這麼一句大師名言，心有戚戚焉：

> 「我們不只是用相機拍照。我們帶到攝影中去的是所有我們讀過的書，看過的電影，聽過的音樂，愛過的人。」──攝影大師安塞爾·亞當斯（Ansel Adams）

看到安塞爾·亞當斯的這句名言真是豁然開朗，按下快門不用一秒鐘，決定要按下快門的心，不知經過多少年的自我修持，在構圖光圈快門的技巧之外，多少攝影美學的累積，多少個人生歷練的琢磨，才能決定這一瞬間的勝負。好像畫家在現場寫生只需一小時就完成一張數萬元的作品，好賺？問題是幾十年來寫生的鍛鍊，算不算成本？好像老師一小時鐘點費多少？但是備課時間都被忽略了一樣！

同樣的道理應用在 Midjourney 提示詞的撰寫也很適合，雖然我們不必如此嚴肅來類比·但是假設同一張圖分由幾個人來各自生成，每個人所寫的提示詞也不盡相同，而且生成的圖片出入可能很大，這就符合了上面所說的按快門背後的各種知識蘊含，以及你對 Midjourney 的了解程度，這也牽涉到技術層次。

前陣子為了知曉塞尚為何被尊稱為「現代繪畫之父」而翻了好幾本書，結果愈翻愈迷糊？每位作者都講了好多好深的學問，甚至「形而上」的哲學都搬出來唬人，所以愈看愈不清楚，乾脆放棄了。直到最近翻了一本「八大山人書藝之研究」，原本也是趕流行和滿足虛榮心，在睡前翻兩頁助眠，沒想到看到其中一句話害我立即從暖暖的被窩內爬了起來·睡神被我嚇跑了，眼睛睜得大大的看著：「形上學家所謂探討現象背後潛存著的本體，…對直接在經驗中顯出的現象，套加不能經驗中現出的"內層、底層"結構。」原來在西方思想傳統中，形上學的傳統，重視的是後一層的意思，也就是穿越經驗表象，而思考經驗現象背後所超越的智慧，有點像是潛意識，也符合了安塞爾·亞當斯的名言，真是巧啊！

二、一切都是 AI 繪圖牽的線！

在本書有點不思議又很知己知彼也理所當然的書寫過程中，雙方人馬以相當積極且振奮的心情下，完成這一本專書，說起來也真是有因緣的！

文淵閣工作室創立於 1987 年，第一本電腦叢書「快快樂樂學電腦」於該年底問世。自此，「快快樂樂」成為電腦入門者的不二選擇。1998 年因為 Internet 網路的普及，加速了軟體的革新與更新，於是文淵閣工作室有了因緣與陳惠貞和陳玄玲合作，彼此建立起友好的感情與默契，隨後因情勢轉移，就各自回到自己崗位耕耘，這期間與惠貞時有聯繫，從她結婚生子到兒子大學就讀的今日，惠貞始終堅守程式設計與計概方面的努力，頗有斬獲，有時也會寄來一箱箱的各類新書讓我慢慢啃食，而我老人家也一直在鄉下生活，後來文淵閣工作室傳承君如掌舵，在穩定中求發展，我則有空陪寶釧姑娘（各位還記得寶釧嗎？迄今依然由淑玲一人兼飾兩角）畫畫寫生也跟著吸收藝術美學方面的知識，自己幫忙提畫箱算是老畫童兼攝影紀錄，因此也可以粗淺了解世界美術發展；時而遊山玩水兼攝影，由笨重的單眼相機與長鏡頭，玩到如今的小手機，閒來也讀首唐詩宋詞兼學日本俳句抒發生活感受與體悟人生哲理。沒想到這些普通常識的積累，如今居然在使用 Midjourney 都成為必要的「背景知識」，吾乃天意也。

話說疫情期間，網路課程蓬勃發展，行天宮社會大學也即時推出各項課程，我們受益最大的是顧素瑋老師的【印象派，不只是印象】以及【文藝復興，是名詞也是動詞】各十六堂藝術課程，惠貞也都按時觀賞，在疫情閉關期間填補了藝術心靈的藝術饗宴。直到 ChatGPT 和 Midjourney 的橫空出世，震驚了全世界，包括我等鄉野村夫以及天天早上在山上散步的那條叫「糖果」的小狗狗對著我一直汪汪小叫，彷彿告知老朽天下有大事即將發生，莫再隱遁山間，理應重出江湖。與惠貞商定之下，獲得 Jimmy 的應允，Tony 的多方協助，在此十分感激。

第三位主角隆重登場，此期間江湖又出現一位傅姓的小帥哥，單名一個「煜」字，「嶺上疏星明煜煜」的「煜」，像是金庸小說《倚天屠龍記》中的光明頂的「光明」之意，個性開朗謙虛，學習力強又樂於助人，正好補足本書的年輕氣息，讓本書充滿活力！在寫書期間也承蒙他指點許多疑惑，在此一併感謝！

三、給人吃魚，不如教他釣魚。

惠貞與傅煜是理性與青春的代表，劍及履及；我這七十老叟則是感性與夢想的推拖拉，有點急驚風遇到我這慢郎中，也是理性與感性的結合，一切命中注定。

本書的前三章，在惠貞掌舵之下，顯得思路清晰，將入門基礎與操作以及指令與參數安排得十分齊全且圖文並茂，真不愧是《魔法書寶典》，一書在手，一切迎刃而解。惠貞是程式書籍寫手，用來整理脈絡，必然條理分明。第三章的小王子繪本電子書，可以協助你對 Midjourney 的視野大增，原來可以這樣靈活有趣地運用。

本書後三章，則是 Midjourney 應用實例，這是鄧老夫子隨著寶釧姑娘這幾年來偶而客串到某些機關講授電腦應用，以及旅行攝影與繪畫等題材的教學心得，本著「給人吃魚，不如教他釣魚。」的原則作為寫作的理念，因為 Midjourney 的藝術性質很高，閱讀之後，讀者必須靠著本書生成的過程要領，搭配自己的智慧來生成自己需要的圖像應用到日常生活、課業或職場上，只要在 Midjourney 多下功夫，在工作上一定會勝任愉快，甚至令人刮目相看，出人頭地，勝出！

走筆至此，望著螢幕上 Midjourney 生成圖片的變化多端，讓人想起《金剛經》中四句偈「一切有為法，如夢幻泡影，如露亦如電，應作如是觀。」

感謝 Jimmy、Tony 協助出版，感謝君如、君怡、小ㄅ協助校稿與提供意見，在此一併致謝！

鄧文淵 陳惠貞 傅 煜 謹識

2023.06.22 時逢端午節

註 /imagine prompt Minimalism , style Lin Fengmian , color white , black , gold , an Gautama Buddha , All conditioned phenomena are like a dream , an illusion , a bubble , a shadow , like dew or a flash of lightning , thus should they be contemplated , continuous , Brush pen drawing

關於本書

Midjourney 是由同名的研究實驗室所開發的 AI 文本生成圖像模型，使用者可以透過和 Discord 的機器人進行對話輸入文字敘述，再由 Midjourney 自動在雲端生成圖像，不僅速度快，而且作品的質感精緻細膩、令人驚豔。

本書適合需要用到圖像或對 AI 圖像生成有興趣的人，無論你是繪師、美編、部落客、網路小編、網頁設計師、室內設計師、建築師、攝影師、教師、學生、上班族或不具備藝術天分與繪圖功力的平凡人，都能靠著 Midjourney 生成美圖。

本書內容

◈ 第 1 章：馬上帶你使用 Midjourney 生圖，從註冊 Discord 帳號開始，接著付費訂閱，然後詠唱咒語生出美圖，同時說明一些 Midjourney 新手常見問題，例如我可以使用中文提示詞嗎？被洗版了，怎麼辦？不想被洗版，怎麼辦？使用 Midjourney 生成的圖片可以做為商業用途嗎？會有侵權的疑慮嗎？ Discord 和 Midjourney 的基本操作等。

◈ 第 2 章：為了讓生圖的動作變得可控，Midjourney 提供了一些指令與參數，用來設定模型版本、設定圖片的長寬比、設定預設美學風格、設定種子編號、設定提示詞中圖片或文字的權重、降低元素在圖片中的比例、反推提示詞、圖片融合、簡化提示詞、圖生圖、Zoom Out（縮小）、Pan（擴展）等，只要融會貫通這些技巧，就可以讓 Midjourney 生出你想要的圖片。

◈ 第 3 章：首先，帶你探索提示詞的更多可能，以簡短的提示詞結合媒介、年代、顏色、情緒、環境、風格、視角、光線等概念來生成更有特色的圖片；接著，請出 ChatGPT 來幫忙，從最簡單的翻譯提示詞做起，進一步生成文本、激發靈感，然後將 ChatGPT 訓練成 Midjourney 提示詞生成器。有了 ChatGPT 的神助攻，馬上動手創作「小王子繪本電子書」，讓每個人都能擁有自己的「小王子」！

◈ 第 4 章：在踏入 Midjourney 藝術殿堂的初體驗，有美麗也有喜悅。不只分享生成圖片的提示詞，也將重點擺在深藏於背後的藝術動機與使用時的困頓挫折與苦惱，讓你避免不少奮鬥與深陷泥沼的徬徨無助，了解之後，就會更容易生成你自己所需要的圖片。在本書中，我們不只給你魚，還給你釣魚的技術！

◈ 第 5 章：藝術圖像的生成技巧是本書的實作重點，從一張母親節賀卡的生成開始，進入一條通往 Midjourney 藝術大道的途程；接著進入奇幻世界的鯨魚在天上飛，京都女子和熱血少年照過來；然後從李白的《靜夜思》到李清照的《如夢令》，讓你沈浸在中國古典世界的驚喜，最後的重頭戲是 Midjourney 在抽象與水墨畫之間來去自如，你會驚嘆 Midjourney 的藝術才華，以及如何讓自己進入這華麗的藝術殿堂。

◈ 第 6 章：使用 niji 5 模型生成日系動漫，一開始先透過髮型、髮色、瞳孔色、表情、年齡、服裝、姿勢等人物細節，以及青年向動漫、暗黑幻想動漫、復古動漫、獸耳動漫等風格來打造二次元女神；接著示範如何創作漫畫和角色設計圖，用自己的照片生成虛擬替身或大頭貼；最後再來生成動漫風的風景、場景、動物、吉祥物、模型、公仔、品牌標誌、徽章、美食等。

線上下載

本書範例檔案請至 http://books.gotop.com.tw/download/ACU085800 下載，裡面有用來圖生圖的範例圖片，以及生成圖片的提示詞，你可以運用這些資料生成自己的圖片。請注意，由於 Midjourney 的生圖特色，即使提示詞完全相同，所生成的圖片還是會有所差異。

版權聲明

目錄

基礎篇

開始使用 Midjourney

02 Midjourney 基礎操作

Midjourney × ChatGPT 詠唱咒語

應用篇

Midjourney 初體驗的美麗與喜悅

05 Midjourney 藝術圖像的生成技巧

開始使用
Midjourney

當人們還在驚嘆 ChatGPT 強大的文本生成能力時，Midjourney 的出現再度顛覆了想像，從沒想過不會畫圖的麻瓜竟也能靠著簡短的咒語（提示詞）生出美圖，彷彿瞬間化身美圖魔導師一般。

坐而言不如起而行，馬上帶你使用 Midjourney 生圖，從註冊 Discord 帳號開始，接著付費訂閱，然後詠唱咒語生出美圖，同時說明一些 Midjourney 新手常見問題，例如我可以使用中文提示詞嗎？被洗版了，怎麼辦？不想被洗版，怎麼辦？使用 Midjourney 生成的圖片可以做為商業用途嗎？會有侵權的疑慮嗎？ Discord 和 Midjourney 的基本操作等。

1-1　認識 Midjourney

在過去，從事電腦繪圖必須具備一定程度的技能與美感，但自從 AI 圖像生成工具出現後 (例如 Midjourney、Stable Diffusion、DALL-E 等)，只要輸入文字敘述 (例如主題、角色、場景、媒介、風格、視角、光線、構圖等)，就會自動產生符合要求的圖像，若要進一步修改，同樣也只要輸入文字敘述即可，讓不具備繪圖能力的人也能輕鬆製作出精美的圖像。

以 **Midjourney** 為例，這是由同名的研究實驗室所開發的 AI 文本生成圖像模型，使用者可以透過和 Discord 的機器人進行對話輸入文字敘述，再由 Midjourney 自動在雲端生成圖像，不僅速度快，而且作品的質感精緻細膩、令人驚豔。

下頁的六張圖片是我們輸入一些簡短的提示詞所生成的，無論是可可香奈兒風格的拿著捧花的新娘、莫內風格的鬱金香花海或卡哇伊動畫風格的唱歌女孩，Midjourney 都可以詮釋的非常到位。

Midjourney 於 2022 年 7 月進入公開測試階段，並持續改進其演算法，從 v1、v2、v3、v4、v5 到 2023 年 5 月的 v5.1、6 月的 v5.2，幾乎是每隔幾個月就會發布新模型，進步的速度相當快，而且除了 Midjourney 本身之外，還有一個擅長生成動漫和插圖的 **niji** 模型。

至於 Midjourney 生成的圖像有何用途呢？那可多了，除了炫技、自己玩高興的，還可以當作文件、簡報、書籍、網頁或社群貼文的插圖，製作繪本、漫畫、封面、卡片、Line 貼圖、商標等，甚至是參加藝術創作或攝影比賽，例如在美國科羅拉多州於 2022 年舉辦的藝術博覽會中，獲得數位藝術類別冠軍的《太空歌劇院》畫作就是以 Midjourney 生成的。

目前 Midjourney 已經取消免費試用，改採訂閱制，以月訂閱制為例，有 Basic Plan、Standard Plan、Pro Plan、Mega Plan 等四種，分別是每個月 10、30、60、120 美元，如果你是想要嘗鮮，可以先花 10 美元訂閱一個月玩玩看，下一節會告訴你這些計畫有何差別，以及如何進行訂閱。

bride holding bouquet, Coco Chanel style（拿著捧花的新娘，可可香奈兒風格）

tulip flowers, Claude Monet style（鬱金香花海，莫內風格）

a girl is singing, kawaii animate style --niji 5（女孩在唱歌，卡哇伊動畫風格，niji 5）

1-2　Midjourney 快速入門

已經迫不及待想要使用 Midjourney 了嗎？那就開始吧！

1-2-1　第一步：註冊 Discord 帳號

Midjourney 是在 Discord 運作，所以在使用 Midjourney 之前，你必須在 Discord 註冊帳號。**Discord** 是一個免費的網路即時通訊平台，主要用來聊天、直播、語音和視訊通話，可以透過網頁或行動裝置 App 來使用。

使用者可以在 Discord 建立或加入不同主題的**伺服器** (server)，類似社團或群組，而在伺服器中可以建立**頻道** (channel)，用來聊天或直播，類似聊天室。還有比較特別的是 Discord 的使用者可以建立**機器人** (bot)，用來傳送訊息、加入反應等，例如使用者可以與 **Midjourney Bot** 互動，傳送指令去進行訂閱、生成圖片或變更設定值等。

請依照如下步驟註冊 Discord 帳號，已經有帳號的人可以跳過這一步，直接進入 Discord：

1. 在瀏覽器中開啟 Midjourney 首頁 (https://www.midjourney.com/home/)，然後點選 [**Join the Beta**]。

2. 依照下圖操作，進行註冊與驗證。

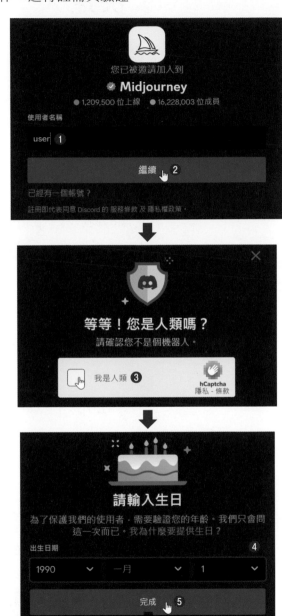

❶ 輸入使用者名稱，請自行決定　❷ 按 [繼續]　❸ 按 [我是人類]
❹ 輸入出生日期　❺ 按 [完成]

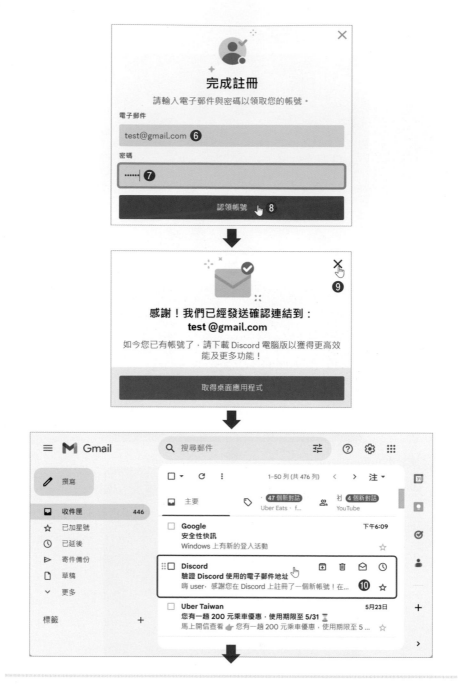

❻ 輸入電子郵件　❼ 輸入密碼　❽ 按 [認領帳號]　❾ 點按此鈕關閉對話方塊
❿ 開啟 Discord 發送的驗證郵件

⑪ 按 [驗證電子郵件]　⑫ 按 [繼續使用 Discord]　⑬ 成功進入 Discord

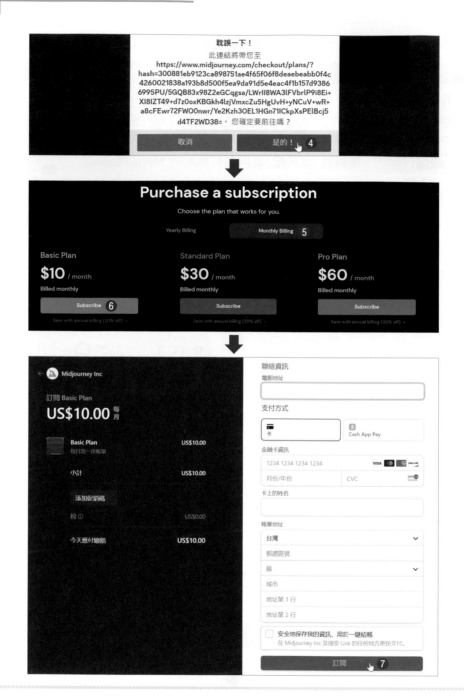

❹ 按 [是的！] 確定要前往　❺ 月訂閱制請按 [Monthly Billing]　❻ 在決定好的計畫下面按
[Subscribe]　❼ 輸入郵件地址、支付方式、金融卡等資訊，然後按 [訂閱]

1-2-4　第四步：使用 /imagine 指令生成圖片

我們可以在 Discord 透過輸入**指令** (command) 的方式與 Midjourney Bot（機器人）互動，這些指令可以用來生成圖片、變更設定值等，其中最常用的是 /imagine 指令，可以讓 Midjourney Bot 根據提示詞生成圖片，**提示詞** (prompt) 是一個簡短的文字片段，請以英文為主，操作步驟如下：

1.　**準備提示詞：**我們先構想出中文提示詞為「玩具車，樂高風格」，然後使用 Google 翻譯或 ChatGPT 翻成英文為「**toy car, lego style**」。

2.　**送出 /imagine 指令與提示詞：**依照下圖操作。

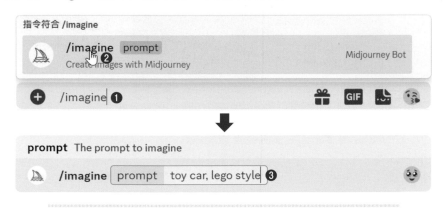

❶ 在對話框中輸入 /imagine　❷ 從清單中點選 /imagine 指令
❸ 在 prompt 方框中輸入提示詞並按 [Enter] 鍵送出

請注意，如果是第一次輸入指令，Midjourney Bot 會要求你先同意服務條款，此時，只要點按 **[Accept ToS]** 即可。

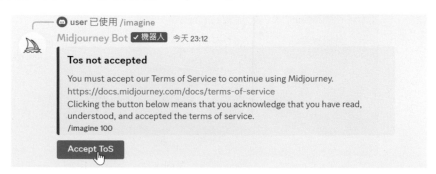

3. **產生結果**：Midjourney 會生成四張樂高玩具車。

❶ 點選 U1、U2、U3、U4 按鈕可以針對圖片1、2、3、4 做輸出

❷ 點選 V1、V2、V3、V4 按鈕可以針對圖片1、2、3、4 做變化，保留類似的風格和構圖

❸ 點選此鈕可以根據原本的提示詞重新生成圖片，風格和構圖都會改變

4. **重新生成**：假設我們都不喜歡這些圖片，想要根據原本的提示詞重新生成，可以點選 ⟳ 按鈕，就會生成四張構圖不同的圖片。

5. **變化圖片**：假設我們喜歡其中一張圖片，例如第 4 張，但想再稍微變化，可以點選 V4 [V4] 按鈕，就會生成四張構圖類似的圖片。

6. **輸出圖片**：假設我們已經選定其中一張圖片，例如第 4 張，可以點選 U4 [U4] 按鈕將該圖片從網格中分離出來。

❶ 點選此鈕可以針對圖片做稍大變化

❷ 點選此鈕可以針對圖片做微小變化

❸ 點選這些按鈕可以將圖片的內容縮小（詳閱第 2-3-4 節）

❹ 點選這些按鈕可以擴展圖片（詳閱第 2-3-5 節）

❺ 點選此鈕可以將圖片加到「我的最愛」

❻ 點選此鈕可以在 Midjourney.com 的圖庫中開啟圖片

7. **儲存圖片**：點按步驟 6. 輸出的圖片，然後依照下圖操作，將圖片另存新檔，圖片的解析度為 1024×1024 像素，PNG 格式。

❶ 按 [在瀏覽器開啟] ❷ 在圖片按滑鼠右鍵，點選 [另存圖片]
❸ 輸入檔名 ❹ 按 [存檔]

1-3　Midjourney 新手常見問題

在本章的最後，我們來說明一些新手可能會遇到的問題，例如我可以使用中文提示詞嗎？被洗版了，怎麼辦？不想被洗版，怎麼辦？使用 Midjourney 生成的圖片可以做為商業用途嗎？會有侵權的疑慮嗎？如何刪除生成的圖片？如何更換 Discord 帳號的頭像？ Midjourney 個人首頁的基本操作等。

1-3-1　我可以使用中文提示詞嗎？

誠如前面所說的，**提示詞請以英文為主**，雖然你可以輸入中文提示詞，甚至日文提示詞，但是 Midjourney Bot 對於中文或日文的理解程度不像英文那麼好。以下圖為例，我們將提示詞設定成「**一個女孩在京都街頭自拍**」，結果看起來是有點像京都的場景，但是沒有女孩，更別說是自拍了。

或許你會問「那我的英文不好，怎麼辦？」，別擔心，你可以先想好中文提示詞，再使用 Google 翻譯或 ChatGPT 將它翻成英文。

舉例來說，我們可以使用 Google 翻譯或 ChatGPT 將「一個女孩在京都街頭自拍」翻成英文為「a girl taking a selfie on the streets of Kyoto」，如下圖。

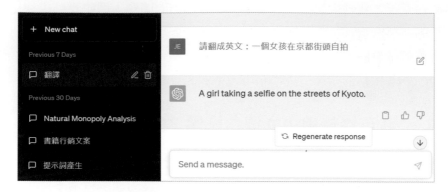

有了英文提示詞，我們再次讓 Midjourney 生成圖片，結果不僅有女孩在京都的場景，而且女孩還很生動地在自拍。

我們會在第 2 章介紹提示詞的類型，以及常用的指令與參數，然後在第 3 章介紹更多使用提示詞的技巧，以及如何搭配 ChatGPT 生成 Midjourney 詠唱咒語（提示詞）。

1-3-2　如何重新進入 Discord 的 newbies-# 頻道？

在離開 Discord 後，如果要重新進入 newbies-# 頻道，可以開啟 Midjourney 首頁 (https://www.midjourney.com/home/)，然後依照下圖操作。

❶ 點選 [Join the Beta]　❷ 按 [接受邀請]　❸ 點選 newbies-# 頻道　❹ 成功進入頻道

1-3-3 被洗版了，怎麼辦？

由於 newbies-# 頻道中的訊息很多，我們送出的指令很容易會被洗版找不到，此時，你可以依照下圖操作，到收件匣尋找自己的訊息，不過，收件匣只會保留七天之內的訊息，超過天數就沒辦法了。

❶ 點按 [收件匣] ❷ 點按 [提及] ❸ 找到訊息，然後點按右上角的 [跳到]
❹ 在 newbies-# 頻道中顯示該訊息

1-3-4 不想被洗版，怎麼辦？

前面所介紹的方法適用於在 newbies-# 頻道中被洗版的情況，但其實還有一個不會被洗版的方法，就是和 Midjourney Bot 私訊，操作步驟如下，這樣就不會出現其它人的訊息了。

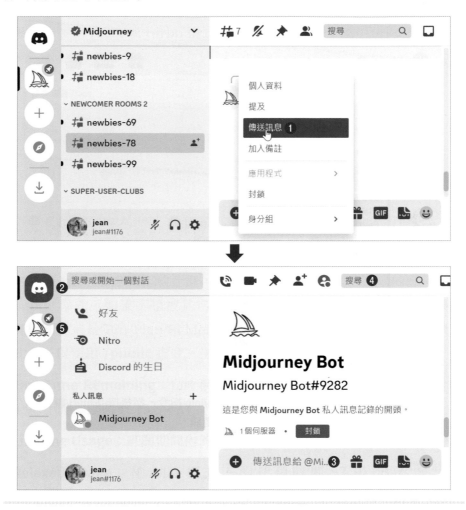

❶ 在 newbies-# 頻道中的 Midjourney Bot 圖示按滑鼠右鍵，然後點選 [傳送訊息]
❷ 出現私人訊息畫面　❸ 你可以在此與 Midjourney Bot 私訊
❹ 你可以在此輸入關鍵字搜尋訊息
❺ 如果想進入 newbies-# 頻道，可以點按 [Midjourney] 伺服器

1-3-6　如何取消計畫、續訂計畫或更換計畫？

由於 Midjourney 採取自動續訂機制，如果你只是想試用看看，不一定會續訂，那麼建議你在完成訂閱後，可以使用 **/subscribe** 指令取消計畫，暫時以 10 美元試用一個月，操作步驟如下：

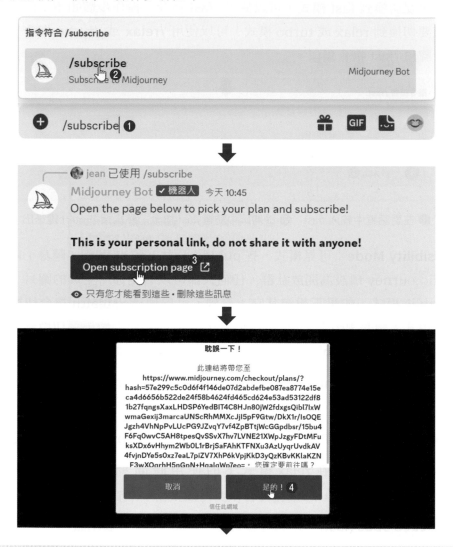

❶ 在對話框中輸入 /subscribe　❷ 從清單中點選 /subscribe 指令，然後按 [Enter] 鍵送出
❸ 按此連結開啟訂閱頁面　❹ 按 [是的！] 確定要前往

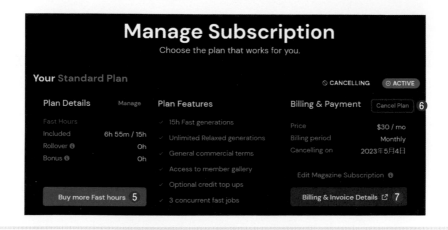

❺ 如果要加購 fast 模式時數，可以點按此處 ❻ 如果要取消計畫，可以點按此處
❼ 如果要查看帳單或續訂計畫，可以點按此處

你也可以在訂閱期間內更換計畫，依照實際需求點選 [Downgrade Plan]（降級計畫）或 [Upgrade Plan]（升級計畫）按鈕，然後點選 [Swap at end of subscription period]（在訂閱期結束時更換）或 [Swap immediately with proration]（按比例立即更換），再依照畫面的指示操作。

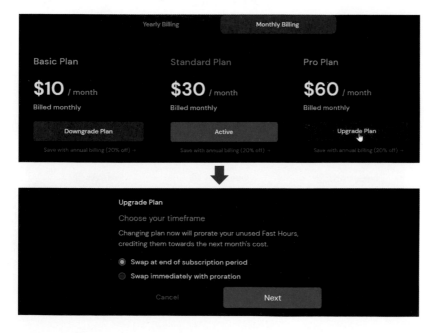

1-3-7 如何查看官方文件？

Midjourney 提供了詳盡的官方文件讓使用者參考，只要開啟 Midjourney 首頁 (https://www.midjourney.com/home/)，然後點選 [**Get Started**] 即可進入。

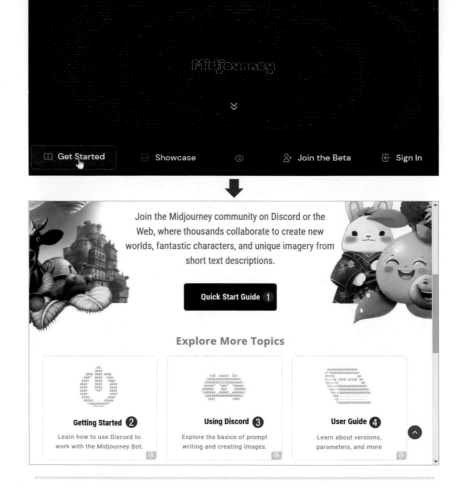

❶ Quick Start Guide（快速入門指南，例如註冊、訂閱、生成圖片等）

❷ Getting Started（入門指南，同上面的快速入門指南）

❸ Using Discord（使用 Discord，例如介面、訊息、表情符號反應等）

❹ User Guide（使用者指南，例如版本、指令、參數、進階提示詞等）

1-3-8 如何使用 Midjourney 個人首頁？

每位使用者都有專屬的 Midjourney 個人首頁，只要開啟 Midjourney 首頁 (https://www.midjourney.com/home/)，然後點選 **[Sign In]** 即可登入。

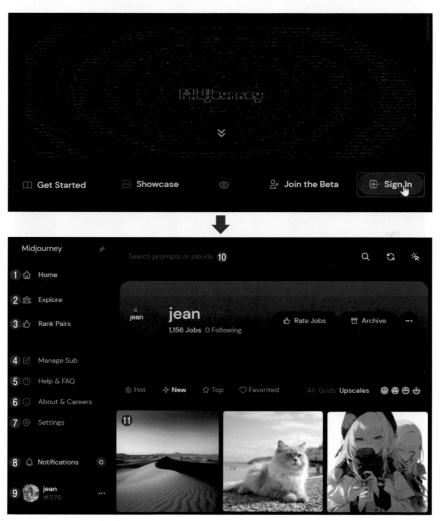

❶ Home（個人首頁）　❷ Explore（探索社群中的圖片）　❸ Rank Pairs（票選喜歡的圖片）
❹ Manage Sub（管理訂閱方案）　❺ Help & FAQ（說明與常見問題）　❻ About & Careers（關於我們與職業機會）　❼ Settings（設定版面選項）　❽ Notifications（通知）　❾ Discord 帳號
❿ 搜尋欄位（可以根據提示詞或工作 ID 進行搜尋）　⓫ 使用者所生成的圖片

如果要查看某張圖片的資訊或社群中類似的圖片，可以點按該圖片，如下。

❶ 放大圖片
❷ 圖片的提示詞
❸ 圖片的大小與日期
❹ 社群中類似的圖片

如果要探索社群中的圖片，可以在個人首頁中點按 [Explore]，如下，想要進一步知道某張圖片的提示詞，可以點按該圖片，觀摩一下別人的創意。

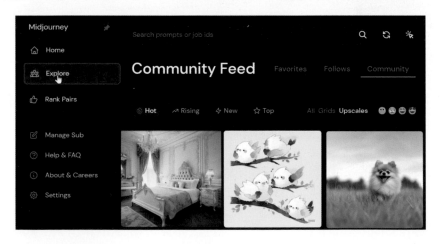

當指標移到圖片時，會出現 [Open Options] 按鈕，若點按此鈕，會出現如下清單，用來複製完整指令 / 提示詞 / 工作 ID/ 種子編號、在新分頁或 Discord 開啟圖片、將圖片設定成個人頭像或個人封面、儲存圖片等。

當點按左下角的 [Account]（帳號）時，會出現如下清單，其中 [Manage Sub]、[View Pass]、[Go to Discord]、[Sign Out] 分別表示管理訂閱方案、檢視 Discord 頒發的護照、進入 Discord、登出。

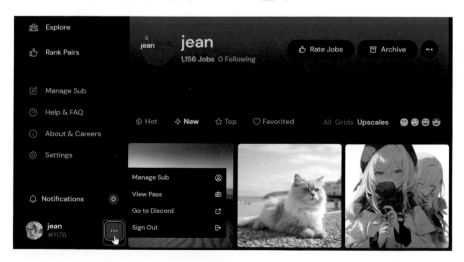

1-3-9 如何刪除已經生成的圖片？

有時難免會生出不喜歡的圖片，如果想要刪除，可以先在 Midjourney 個人首頁找到該圖片，然後依照下圖操作。

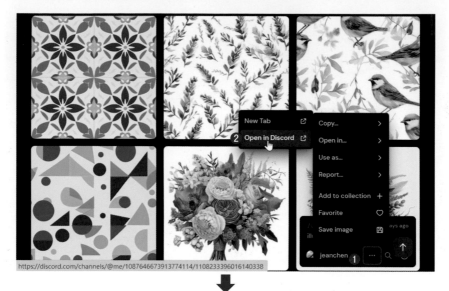

❶ 將指標移到要刪除的圖片，然後點按 [Open Options]

❷ 依序點選 [Open in⋯]、[Open in Discord]　❸ 在 Discord 開啟圖片後，點按 [加入反應]

❹ 輸入 X　❺ 點按紅色 X 表情符號即可刪除圖片

在將紅色 X 表情符號加入反應後，只要在 Discord 開啟要刪除的圖片，然後按滑鼠右鍵，就會出現紅色 X 供點選，如下圖。

1-3-10 Midjourney 生成的圖片有版權嗎？

根據 Midjourney 的服務條款 (https://docs.midjourney.com/docs/terms-of-service)，你授予 Midjourney 的權利摘要如下：

通過使用本服務，你授予 Midjourney、其繼受人和受讓人無限期、全球範圍內的、非專有的、可轉授權的、無需支付費用的、免版稅的、不可撤銷的著作權許可，用於複製、製作衍生作品、公開展示、公開演出、轉授權和散布你輸入到本服務中的文字與圖片提示，或者在你指示下由服務所生成的資源。

至於你的權利摘要如下：

在上述許可的限制下，你對使用本服務所生成的資源享有所有權。這不包括放大他人的圖片，這些圖片仍由原始資源的創作者擁有。即使之後你降級了或取消了會員資格，你對所生成的資源仍享有所有權。如果你是一家年收入超過 1,000,000 美元的公司員工或所有者，並代表雇主使用本服務，你必須為每個代表你使用本服務的個人購買 Pro Plan 會員資格，以擁有你所生成的資源。

1-3-11　如何更換 Discord 帳號的頭像或應用程式外觀？

我們可以將 Discord 帳號的頭像換成自己喜歡的圖片，或是將灰暗的應用程式
外觀換成明亮的主題，操作步驟如下：

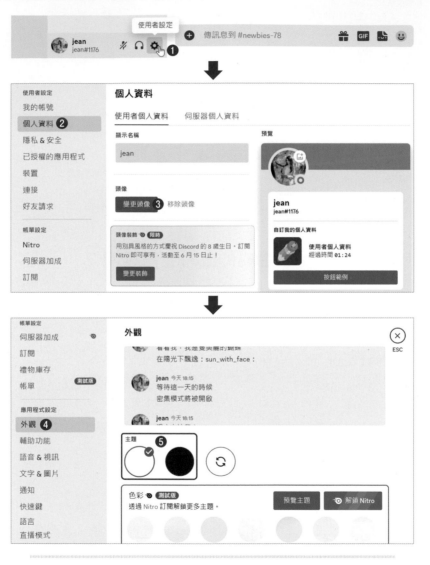

❶ 點按齒輪圖示進入「使用者設定」　❷ 點按 [個人資料]
❸ 點按 [變更頭像]，然後依照指示選擇圖片　❹ 點按 [外觀]
❺ 選擇主題，有明亮和灰暗兩種

Midjourney
基礎操作

和傳統的程式相比，Midjourney 有個特點是它接受自然語言，若使用者隨意亂下提示詞，頂多生不出期望的圖片，但不會發出錯誤訊息，但如果你因此就認為 Midjourney 生圖是隨機的、碰運氣的、天馬行空的，那誤會可大了！

事實上，為了讓生圖的動作變得可控，Midjourney 提供了一些指令與參數，用來設定模型版本、設定圖片的長寬比、設定預設美學風格、設定種子編號、設定提示詞中圖片或文字的權重、降低元素在圖片中的比例、反推提示詞、圖片融合、簡化提示詞、圖生圖、Zoom Out（縮小）、Pan（擴展）等，只要融會貫通這些技巧，就可以讓 Midjourney 生出你想要的圖片。

2-1 常用指令

我們可以在 Discord 透過輸入**指令** (command) 的方式與 Midjourney Bot (機器人) 互動，這些指令可以用來生成圖片、變更設定值、查看帳號資訊、進行訂閱、切換到 fast、relax 或 turbo 模式等，下面是一些常用指令。

◈ **/ask**：獲得問題的答案，操作步驟如下：

❶ 在對話框中輸入 /ask　❷ 從清單中點選 /ask 指令
❸ 輸入問題並按 [Enter] 鍵送出　❹ 顯示答案

◈ **/docs**：顯示說明文件的連結，操作步驟如下：

❶ 在對話框中輸入 /docs　❷ 從清單中點選 /docs 指令
❸ 點選說明文件　❹ 按 [Enter] 鍵送出　❺ 顯示說明文件連結

◈ **/faq**：顯示常見問題的連結。

◈ **/help**：顯示關於 Midjourney Bot 的說明。

◈ **/daily_theme**：切換到 # daily-theme 頻道更新的通知提示。

◈ **/info**：查看你的帳號資訊或排隊執行的工作（詳閱第 1-3-5 節）。

◈ **/fast、/relax、/turbo**：這三個指令會分別切換到 fast、relax 和 turbo 模式（詳閱第 1-3-5 節）。

◈ **/public、/stealth**：/public 指令會切換到公共模式，/stealth 指令會切換到隱身模式。Midjourney 預設為開放社群，任何人都可以看到你所生成的圖片，如果不想被其它人看到，可以訂閱 Pro Plan 或 Mega Plan 並切換到隱身模式（詳閱第 1-3-5 節）。

◈ **/subscribe**：顯示 **[Open subscription page]** 連結，你可以透過此連結開啟訂閱頁面，查看訂閱方案、進行訂閱、取消計畫、續訂計畫或更換計畫（詳閱第 1-3-6 節）。

◈ **/imagine**：根據提示詞生成圖片（詳閱第 2-1-1 節）。

◈ **/describe**：根據上傳的圖片反推提示詞（詳閱第 2-1-2 節）。

◈ **/blend**：將 2 到 5 張圖片融合在一起（詳閱第 2-1-3 節）。

◈ **/shorten**：簡化提示詞，建議哪些詞可能沒有作用、哪些詞可能具有關鍵作用（詳閱第 2-1-4 節）。

◈ **/show**：使用圖片的 Job ID 在 Discord 重新生成工作（詳閱第 2-1-5 節）。

◈ **/settings**：查看與調整 Midjourney Bot 的設定值（詳閱第 2-1-6 節）。

◈ **/prefer option set**：設定自訂選項（詳閱第 2-1-7 節）。

◈ **/prefer option list**：查看自訂選項（詳閱第 2-1-7 節）。

◈ **/prefer suffix**：設定要加到每個提示詞結尾的後綴（詳閱第 2-1-7 節）。

◈ **/prefer remix**：切換到 remix（重新混合）模式（詳閱第 2-3-2 節）。

2-1-1 /imagine (根據提示詞生成圖片)

/imagine 指令可以讓 Midjourney Bot 根據提示詞生成圖片，**提示詞** (prompt) 是一個簡短的文字片段，請以英文為主，Midjourney Bot 對於中文的理解程度不像英文那麼好。萬一你的英文不好，怎麼辦？沒關係，你可以先想好中文提示詞，再使用 Google 翻譯或 ChatGPT 將它翻成英文。

提示詞又分成下列兩種類型 (示意圖參考自 Midjourney 官方文件)：

◈ **基本提示詞**：包含文字提示詞，這是用來生成圖片的文字描述，可以很詳細，也可以簡單到只有一個單字、片語或表情符號。

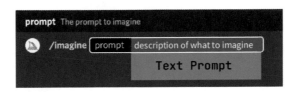

◈ **進階提示詞**：包含圖片提示詞、文字提示詞和參數，中間以空白隔開，不需要加上任何連接符號。

❶ 圖片提示詞：放在提示詞的開頭，可以包含 0、1 或多個圖片的網址，用來影響完成結果的風格和內容，第 2-3-1 節會示範如何使用圖片提示詞實現「圖生圖」的功能。

❷ 文字提示詞：用來生成圖片的文字描述，撰寫良好的文字提示詞有助於生成令人滿意的結果。

❸ 參數：放在提示詞的結尾，可以包含 0、1 或多個參數，用來變更圖片的生成方式，例如模型版本、圖片的長寬比等，第 2-2 節有詳細的說明。

下面是一個例子。

1. **準備提示詞**：我們先構想出中文提示詞為「極簡風格的客廳照片」，然後使用 ChatGPT 翻成英文為「**A photo of a minimalist-style living room**」。

此外，參數的個數可以不只一個，例如 **A photo of a minimalist-style living room --v 5 --ar 3:2**，得到結果如下，其中 **--ar 3:2** 參數表示將圖片的長寬比設定成 3:2，注意 ar 為小寫，--v 5 和 --ar 3:2 之間有一個空白，而 --ar 和 3:2 之間也有一個空白。

NOTE

> 截至 2023 年 6 月，Midjourney 模型版本有 1、2、3、4、5、5.1、5.2，預設為 5.2，之後還會持續更新。和 v5 相比，v5.2 擁有更強的預設美學風格、更高的連貫性、更精確的文字提示詞理解能力、更少多餘的邊框或文字殘留、更高的銳利度、/shorten 指令、Zoom Out（縮小）功能、Pan（擴展）功能。不過，v5 的畫風比較寫實，當你要生成寫實的圖片時，可以試著加上 **--v 5** 參數，改用 v5 來畫畫看，說不定會得到更滿意的結果。
>
> 此外，Midjourney 還有一個 **niji** 模型，當你要生成動漫圖片時，可以加上 **--niji 5** 參數，改用 niji 5 模型。

> Midjourney v5/v5.1/v5.2 和 niji 5 所生成的圖片網格均已經是最高品質的 1024×1024 像素，不需要再對每個圖片進行升級放大。當你點選圖片網格下面的 U1、U2、U3、U4 按鈕時，其實就是將所選的圖片和初始的圖片網格分離開來。

TIP 提示詞的長度和語法

提示詞長度

提示詞可以簡單到只有一個單字、片語或表情符號，在這種情況下，所生成的圖片就會高度倚賴 Midjourney 的預設風格；相反的，詳細描述的提示詞比較有可能生成獨特的外觀。

不過，提示詞並不是愈長愈好，而是要專注於你想要的內容、想要創造的核心概念或一些重要的細節，因為你沒有描述的部分就會被隨機生成，結果可能是意外之喜，也可能是不符合預期，無法獲得想要的具體細節。請試著清楚表達你認為重要的背景和細節，建議考慮下列事項，第 3 章有更詳細的說明：

> **主題：**人物、動物、植物、物體、角色、職業、活動、地點等。
> **媒介：**照片、繪畫、插圖、雕塑、雕刻、版畫、塗鴉、手稿等。
> **環境：**室內、室外、海邊、水下、城市、外太空、大自然等。
> **光線：**柔和、冷光、強光、背光、晴天、雨天、霓虹燈、燈光棚等。
> **顏色：**鮮豔、柔和、明亮、單色、黑白、灰階、彩色、粉彩等。
> **情緒：**堅定、平靜、安靜、微笑、開心、悲傷、哭泣、生氣、尷尬等。
> **構圖：**肖像、特寫、近景、遠景、鳥瞰、微距等。

提示詞語法

Midjourney Bot 無法像人類一樣理解語法、句子結構或單字，所以單字的選擇很重要，明確的單字效果比較好，例如 rose（玫瑰花）比 flower（花）明確，two cats（兩隻貓）比 cats（貓）來得明確，英文字母的大小寫則沒有差別。

此外，使用簡短的句子、去掉多餘的贅字，更少的詞彙意味著每個詞彙具有較大的影響力，而且可以試著使用逗號、括號或連字符號來組織你的想法，例如不要寫成 show me a picture of lots of blooming red roses, make them bright, vibrant red, and draw them in an illustrated style with colored pencils（給我一張有很多盛開的紅玫瑰照片，把它們塗成鮮豔、充滿活力的紅色，用彩色鉛筆畫的插圖風格），而是要試著寫成 bright red roses drawn with colored pencils，重點在於鮮紅玫瑰、彩色鉛筆畫（參考資料：Midjourney User Guide）。

2-1-2 /describe (反推提示詞)

如果想像力不夠一時想不出提示詞，或是想知道如何描述某張圖片的風格、構圖、人物、場景、細節等，可以先用 **/describe** 指令針對圖片反推提示詞，再用這些提示詞去生成類似的圖片，下面是一個例子。

1. **準備圖片**：我們準備了一張圖片 citygirl.png 讓 Midjourney 反推提示詞，這是以另一個知名的 AI 圖像工具 Stable Diffusion 所生成，裡面的人物造型、場景、光線等均相當細緻，你可以在本書範例檔案的 \Samples\Ch02 資料夾中找到本章範例圖片。

2. **送出 /describe 指令與圖片**：依照下圖操作。

❶ 在對話框中輸入 /describe　　❷ 點選 /describe 指令
❸ 點按 image 方框上傳圖片，或將圖片拖曳到 image 方框
❹ 圖片的檔名出現在此，請按 [Enter] 鍵送出

3. **產生反推出來的提示詞**：機器人會傳回一串訊息，包括四種提示詞、圖片和五個按鈕。

Midjourney Bot ✓機器人 今天 16:44

❶ **1** anime girl in the city, in the style of light pink and light black, realistic blue skies, the vancouver school, lifelike renderings, uniformly staged images, romanticized views, tintoretto

❷ **2** cute anime girl from one piece standing with her nose sticking out of her jacket, in the style of photorealistic cityscapes, light pink and light crimson, zeiss batis 18mm f/2.8, contemporary canadian art, transfixing marine scenes, rtx on, captivating skylines

❸ **3** a girl is dressed in black and standing outside, in the style of anime, cityscape, light magenta, rinpa school, carcore, nabis, neo-op

❹ **4** a woman wearing a dark coat standing in front of a building, in the style of dynamic anime, light pink, photorealistic cityscapes, the vancouver school, uniformly staged images, cargopunk, jean restout the younger

❶ 城市中的動漫女孩，淡粉紅和淡黑色風格，真實的藍天，溫哥華學派，栩栩如生的呈現，統一擺放的圖片，浪漫化的風景，提香雷托

❷ 可愛的《航海王》動漫女孩，突顯的鼻子和夾克，真實城市景觀，淡粉紅和淡深紅色調，蔡司 batis 18mm f/2.8 鏡頭，當代加拿大藝術，海洋場景，光線追蹤，迷人的天際線

❸ 一個穿著黑色衣服的女孩站在戶外，動漫風格，城市景觀，淡洋紅色調，琳派學派，汽車核心，納比派，新抽象主義

❹ 一位穿著深色外套的女子站在建築物前，動漫風格，淡粉紅色調，真實城市景觀，溫哥華學派，統一擺放的圖片，貨櫃龐克風格，Jean Restout 的 The younger 作品

❺ 若有喜歡的提示詞，可以點選數字按鈕進行生圖
❻ 若要重新反推，可以點選此鈕

❺ 1　2　3　4　↻ ❻

4. **使用反推出來的提示詞生成圖片**：假設要使用第 1 種提示詞，請點選 `1` 按鈕，此時會出現第 1 種提示詞並要求確認，我們暫不修改提示詞，只在結尾加上 **--niji 5** 參數，使用 niji 5 模型來繪製。

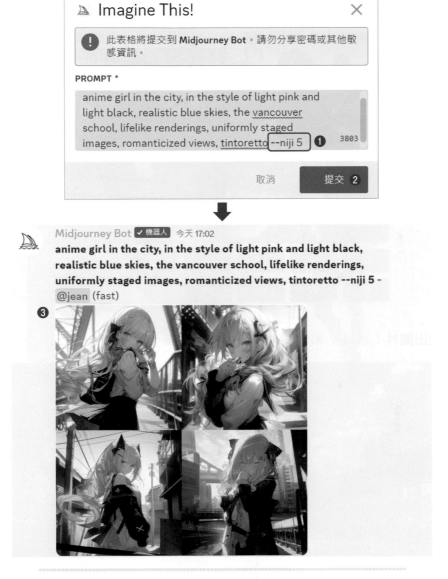

❶ 點選數字 1 按鈕會出現第 1 種提示詞，在結尾加上 --niji 5
❷ 按 [提交]　❸ 生成圖片（預設會保持和原圖相同的長寬比）

2-13

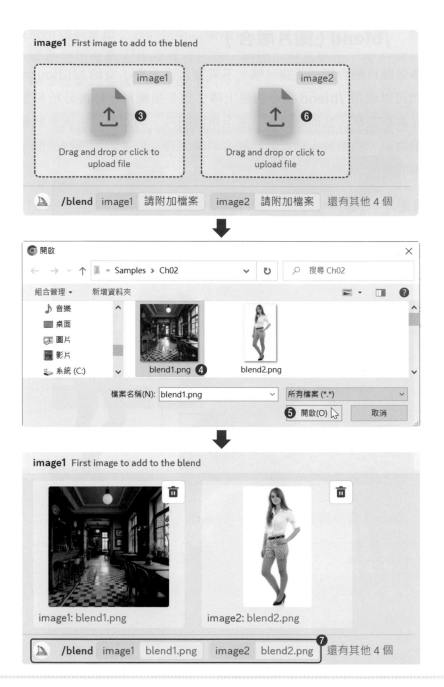

❸ 點按 image1 方框　❹ 點選圖片　❺ 按 [開啟]　❻ 點按 image2 方框上傳第二張圖片
❼ 兩張圖片的檔名出現在此，請按 [Enter] 鍵送出

3. **產生結果**：Midjourney 會生成四張將咖啡廳與女子融合的圖片。

如果有超過兩張的圖片要進行融合，可以先點按對話框最右側，然後點選 **[image3]**，再上傳第三張圖片，仿照相同步驟，最多可以融合五張。

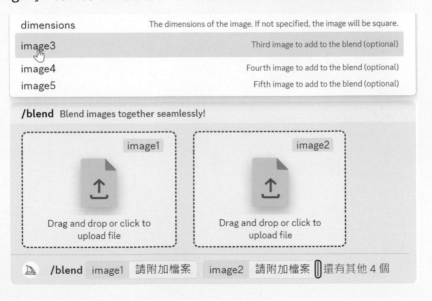

TIP

如果要更改輸出圖片的長寬比，可以先點按對話框最右側，然後點選 **[dimemsions]**，Midjourney 提供了下列三種設定，若不指定，則預設以正方形輸出，目前 /blend 指令尚無法使用 --ar 參數來更改其它特殊的長寬比。

> **[Portrait]**（直向）的長寬比是 2：3。

> **[Square]**（正方形）的長寬比是 1：1。

> **[Landscape]**（橫向）的長寬比是 3：2。

❶ 點按對話框最右側　❷ 點選 [dimemsions]　❸ 點選長寬比

下面是另一個例子，我們請 Midjourney 針對樹叢圖 blend10.png 和鸚鵡圖 blend11.png 進行融合，並使用前面提到的 Landscape dimensions 來生成長寬比是 3：2 的圖片。

結果 Midjourney 給了我們一張鸚鵡站在樹枝上的圖片，厲害吧！目前 /blend 指令支援最多五張圖片，而且無法輸入文字提示詞，如果要融合超過五張圖片或輸入文字提示詞，可以改用第 2-3-1 節的「圖生圖」功能；此外，為了獲得最佳效果，原圖的長寬比請盡量和輸出圖片一致。

2-1-4　/shorten（簡化提示詞）

v5.2 新增了 **/shorten** 指令可以用來簡化提示詞，建議哪些詞可能沒有作用、哪些詞可能具有關鍵作用，下面是一個例子。

1. **送出 /shorten 指令與提示詞**：依照下圖操作，此例的提示詞是使用 ChatGPT 根據「在濱海公路奔馳的汽車」的概念所生成，裡面難免有一些贅字，相當適合使用 /shorten 指令來加以簡化，我們會在第 3-2-3 節說明如何將 ChatGPT 訓練成 Midjourney 提示詞生成器。

A sleek, silver sports car races along the scenic coastal highway, its powerful engine roaring with exhilaration. The sun hangs low in the sky, casting a warm, golden glow on the shimmering ocean waves. The driver grips the steering wheel tightly, a look of pure excitement on their face as they embrace the thrill of the open road.

一輛流線型銀色跑車在風景如畫的濱海公路疾馳，強大的引擎咆哮著充滿激情。太陽低垂在天空中，溫暖的金色光芒投射在閃耀的海浪。駕駛者緊握方向盤，臉上洋溢著純粹的興奮表情，全身投入到開放道路的刺激。

❶ 在對話框中輸入 /shorten　❷ 點選 /shorten 指令
❸ 在 prompt 方框中輸入提示詞並按 [Enter] 鍵送出

2. **使用簡化的提示詞生成圖片**：機器人會傳回一串分析，其中粗體表示可能具有關鍵作用的詞，而刪除線表示可能沒有作用的詞，應該避免使用，同時建議五種簡化的提示詞，你可以點選對應的數字按鈕來生圖。

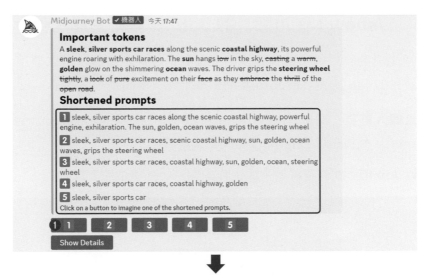

❶ 產生五種簡化的提示詞及對應的數字按鈕，此例是點選數字1，若要查看詳細分析，可以按 [Show Details]

❷ 出現點選的提示詞並要求確認，請按 [提交]

❸ 根據簡化的提示詞生成圖片

2-1-5　/show (使用圖片的 Job ID 重新生成工作)

對於之前生成的圖片，如果想要找出來做變化或加上參數，可以使用 **/show**
指令和圖片的 Job ID 在 Discord 重新生成工作，下面是一個例子。

1. **登入個人首頁**：開啟 Midjourney 首頁 (https://www.midjourney.com/
   home/)，然後點選 **[Sign In]** 登入個人首頁。

2. **複製 Job ID**：找到要重新生成工作的圖片，然後依照下圖操作。

❶ 將指標移到圖片，然後點按 [Open Options]　　❷ 依序點選 [Copy…]、[Job ID]

3. **送出 /show 指令與 Job ID**：依照下圖操作。

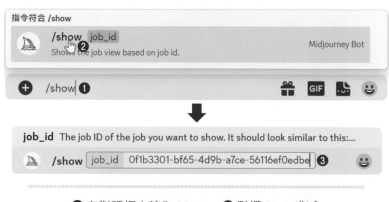

❶ 在對話框中輸入 /show　　❷ 點選 /show 指令
❸ 在此按 [Ctrl] + [V] 鍵貼上 Job ID，然後按 [Enter] 鍵送出

4. **產生結果**：成功在 Discord 重新生成工作。

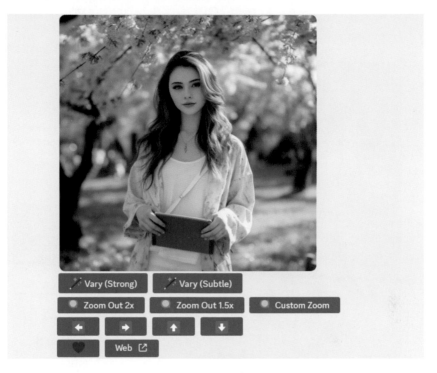

若點選 [Vary (Subtle)]，就會針對圖片做微小變化，如下圖。

相反的，若點選 **[Vary (Strong)]**，就會針對圖片做稍大變化，如下圖。你可以拿下面的結果和前面的 **[Vary (Subtle)]** 做比較，不僅櫻花樹的構圖有較大的變化，女生臉部的角度也不一樣了。

NOTE

> 你可以使用 /show 指令將工作移到其它伺服器或頻道，不過，該指令只適用於你自己的工作，無法用來重新生成他人圖片的工作。

> 當你在 Midjourney 的個人首頁查看圖片時，網址列所出現的網址後面也會有該圖片的 Job ID，例如 https://www.midjourney.com/app/jobs/50575651-1549-4320-b9b8-b04ac70ab57c/ 表示 Job ID 為 50575651-1549-4320-b9b8-b04ac70ab57c。

> 當你將圖片存檔時，預設的名稱後面也會有該圖片的 Job ID，例如 User_cat_cloud_spirit_9333dcd0-681e-4840-a29c-801e502ae424.png 表示 Job ID 為 9333dcd0-681e-4840-a29c-801e502ae424。

2-1-6　/settings (查看與調整設定值)

/settings 指令可以用來查看與調整設定值，只要在對話框中點選 /settings 指令，然後按 [Enter] 鍵送出，就會出現如下畫面，裡面有多個切換按鈕。

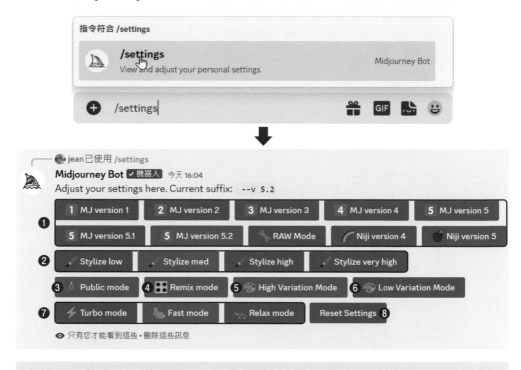

❶ 設定模型版本，截至 2023 年 6 月有 Midjourney v1、v2、v3、v4、v5、v5.1、v5.2、RAW 模式、niji 4、niji 5，之後還會持續更新 (詳閱第 2-2-1 節)。

❷ 設定 --stylize (--s) 參數，Stylize low = --s 50，Stylize med = --s 100，Stylize high = --s 250，Stylize very high = --s 750，該參數用來設定 Midjourney 預設美學風格在生成圖片時的強度 (詳閱第 2-2-3 節)。

❸ 切換到 public (公共) 模式，Pro Plan 和 Mega Plan 的使用者還可以看到 [Stealth mode] 按鈕，用來切換到 stealth (隱身) 模式。

❹ 切換到 remix (重新混合) 模式 (詳閱第 2-3-2 節)。

❺ 切換到高度變化模式，在點選 V 按鈕時會生成變化稍大的圖片。

❻ 切換到低度變化模式，在點選 V 按鈕時會生成變化微小的圖片。

❼ 切換到 fast (快速)、relax (放鬆) 或 turbo (極速) 模式。

❽ 恢復預設值。

2-1-7　/prefer option set、/prefer option list、/prefer suffix（偏好設定）

/prefer option set

/prefer option set 指令可以用來設定自訂選項（最多 20 個），讓你快速地將多個參數加到提示詞的結尾。舉例來說，假設要自訂一個名稱為 mine 的選項代替 --niji 5 --ar 16:9 參數，操作步驟如下：

❶ 在對話框中輸入 /prefer　❷ 點選 /prefer option set 指令　❸ 輸入選項名稱，例如 mine
❹ 點按對話框最右側　❺ 點選 value　❻ 輸入要代替的參數，然後按 [Enter] 鍵送出

成功設定 mine 選項後，當你在 /imagine 指令輸入提示詞時，就可以使用該選項代替 --niji 5 --ar 16:9 參數，例如「**a bird is flying --mine**」就相當於「**a bird is flying --niji 5 --ar 16:9**」。

/prefer option list

/prefer option list 指令可以用來查看自訂選項，只要在對話框中點選 /prefer option list 指令，然後按 [Enter] 鍵送出，就會顯示自訂選項。

如果要刪除自訂選項，可以在對話框中點選 **/prefer option set** 指令，接著輸入選項名稱，然後按 [Enter] 鍵送出。

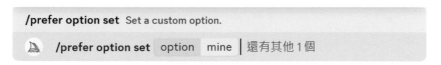

/prefer suffix

/prefer suffix 指令可以用來設定要加到每個提示詞結尾的後綴，舉例來說，假設要在每個提示詞結尾加上 --niji 5 --ar 16:9，那麼可以在對話框中點選 /prefer suffix 指令，接著輸入 --niji 5 --ar 16:9，然後按 [Enter] 鍵送出。

如果要清除後綴，同樣是在對話框中點選 /prefer suffix 指令，但後面不要輸入參數，直接按 [Enter] 鍵送出即可。

2-2　常用參數

參數（parameter）指的是在提示詞結尾加上的選項，可以用來變更圖片的生成方式，例如 Midjourney 模型版本、niji 模型版本、圖片的長寬比、降低元素在圖片中的比例等，下面是一些常用參數。

參數	說明
模型版本參數	
--v <1,2,3,4,5,5.1,5.2> --version <1,2,3,4,5,5.1,5.2>	使用指定的 Midjourney 模型版本，例如 --v 5 表示 Midjourney v5，預設為 5.2（詳閱第 2-2-1 節）。
--niji 5、--niji	使用指定的 niji 模型版本，例如 --niji 5 表示 niji 第 5 版，--niji 表示 niji 第 4 版（詳閱第 2-2-1 節）。
--hd	使用早期的替代模型，可以生成更大、不一致的圖片，適用於抽象和風景圖片。
--test	使用 Midjourney 的特殊測試模型。
--testp	使用 Midjourney 的特殊攝影測試模型。
基本參數	
--style <4a,4b,4c>	切換 Midjourney v4 模型版本。
--style <cute,expressive,scenic>	切換 niji 5 模型版本（詳閱第 2-2-1 節）。
--style raw	去除一些 Midjourney v5.1、v5.2 預設美學風格（詳閱第 2-2-1 節）。
--ar < 長 >:< 寬 > --aspect < 長 >:< 寬 >	設定圖片的長寬比，例如 --ar 16:9 表示長寬比為 16:9，預設為 1:1（詳閱第 2-2-2 節）。
--s <0-1000> --stylize <0-1000>	設定 Midjourney 預設美學風格在生成圖片時的強度，預設為 100（詳閱第 2-2-3 節）。
--no < 負向提示詞 >	降低元素在圖片中的比例，例如 --no plants 會試著從圖片中移除植物（詳閱第 2-2-4 節）。
--c <0-100> --chaos <0-100>	設定圖片的變化程度，數字愈大，圖片就愈不尋常、愈出乎意料，例如 --c 70 的變化程度比 --c 10 大，預設為 0（詳閱第 2-2-5 節）。
--q <.25,.5,1> --quality <.25,.5,1>	設定圖片的渲染品質（細節程度），數字愈大，圖片就愈細緻，成本也愈高，預設為 1，表示最佳品質。

參數	說明
--stop <10-100>	設定在工作進行到指定程度時結束，數字愈大，表示完成程度愈高，預設為 100，表示 100% 完成。
--tile	生成重複圖塊以拼貼無縫圖片，進而應用在壁紙、織物、紋理材質、背景圖案等（詳閱第 2-2-6 節）。
--seed <0-4294967295>	設定種子編號做為生成圖片的起點，使用相同的種子編號將會生成類似的圖片（詳閱第 2-2-7 節）。
其它參數	
--iw <.5-2>	設定提示詞中的圖片 vs. 文字的權重，數字愈大，表示提示詞中的圖片對結果的影響愈大，預設為 1（詳閱第 2-3-1 節）。
--creative	修改 test 與 testp 模型，使其更多元有創意。
--video	儲存圖片生成過程的影片。

以下是 Midjourney v4 和 v5、v5.1、v5.2 的參數預設值，參考自官方文件 (https://docs.midjourney.com/docs/parameter-list)。

Default Values (Model Version 4)

	Aspect Ratio	Chaos	Quality	Seed	Stop	Style	Stylize
Default Value	1:1	0	1	Random	100	4c	100
Range	1:2–2:1	0–100	.25 .5 or 1	whole numbers 0–4294967295	10–100	4a, 4b, or 4c	0–1000

Default Values (Model Version 5, 5.1, and 5.2)

	Aspect Ratio	Chaos	Quality	Seed	Stop	Stylize
Default Value	1:1	0	1	Random	100	100
Range	any	0–100	.25 .5, or 1	whole numbers 0–4294967295	10–100	0–1000

• Aspect ratios greater than 2:1 are experimental and may produce unpredictable results.

2-2-1 --v、--version (Midjourney 模型版本)、 --niji (niji 模型版本)、--style (切換版本)

Midjourney 擅長生成各種類型的圖片,例如人物、動物、植物、大自然、物品、美術作品、科幻場景、漫畫、卡通、插圖等。目前 Midjourney 模型版本有 1、2、3、4、5、5.1、5.2,預設為 5.2。我們可以在 /settings 中切換模型版本,也可以在提示詞的結尾加上 **--v** 或 **--version** 參數指定模型版本,例如 **--v 5.2** 或 **--version 5.2** 表示使用 v5.2;**--v 5** 或 **--version 5** 表示使用 v5。

Midjourney 會經常性地釋出新的模型版本,建議使用目前最新的 v5.2、v5.1 或 v5。和 v5 相比,v5.2 擁有更強的預設美學風格、更高的連貫性、更精確的文字提示詞理解能力、更少多餘的邊框或文字殘留、更高的銳利度、支援重複圖案、/shorten 指令、Zoom Out (縮小)、Pan (擴展) 等功能。

此外,Midjourney 還有一個受歡迎的 **niji** 模型,擅長生成諸如漫畫、動漫、插圖等二次元作品。

Midjourney v5.2

Midjourney v5.2 所生成的圖片具有較強烈的預設美學風格,這點從下面的圖片就看得出來。v5.2 為預設的模型版本,沒有明確指定也沒關係。

❶ bright rhododendrons --v 5.2 (鮮豔的杜鵑花)
❷ European street --v 5.2 (歐洲街角)

Midjourney v5.2 + --style raw 參數

如果要去除一些 Midjourney v5.2 預設美學風格，盡量生成較寫實的圖片，可以加上 **--style raw** 參數，此參數適用於 v5.2、v5.1。

❶ two red roses (此圖帶有 v5.2 預設美學風格)
❷ two red roses --style raw (此圖較寫實)

Midjourney v5

Midjourney v5 所生成的圖片預設為較自然的寫實風格，這點從下面的圖片就看得出來。如果要使用 v5，可以加上 **--v 5** 或 **--version 5** 參數。

❶ desert landscape, National Geography --v 5 (沙漠風景 , 國家地理頻道 , v5)
❷ a girl on the streets of Paris --v 5 (一個女孩在巴黎街頭 , v5)

2-31

niji 模型

niji 模型是 Midjourney 與 Spellbrush 合作開發，擅長生成動漫和插圖。如果要使用目前最新的 niji 5 模型，可以加上 **--niji 5** 參數。下面的圖片是以 niji 5 生成的，我們會在第 6 章示範如何使用動漫風格、人物細節、場景描述、光線、視角等提示詞去生成動漫圖片或標誌。

❶ a superidol girl with blue hair, wearing a white dress, hands on waist, full body --niji 5
（藍髮偶像女孩 , 身穿白色洋裝 , 手插腰 , 全身照 , niji 5）

❷ a model house --niji 5（模型屋 , niji 5）

coffee shop beside the beach, Makoto Shinkai --ar 16:9 --niji 5（海邊的咖啡廳 , 新海誠 , niji 5）

niji 5 + --style <cute, expressive, scenic> 參數

除了透過文字表達風格，我們也可以使用 **--style** 參數指定下列幾種風格。

--style cute

birds standing on the branch --niji 5 **--style cute**

通常會帶有繪本、手繪的風格，畫面較為簡潔，給人放鬆的感覺，適合用來生成 2D 繪畫的作品。

--style expressive

birds standing on the branch --niji 5 **--style expressive**

繪製的角色、對象會較為成熟，色彩、線條也會更豐富，表現力十足，適合用來生成動漫角色、3D 模型等作品。

--style scenic

birds standing on the branch --niji 5 **--style scenic**

較擅長描繪風景，背景細節豐富細膩，天空湛藍，光照效果更好，可以將角色放入背景中，適合用來生成街道、建築物等作品。

Midjourney v5.2 vs. niji 5

Midjourney v5.2 和 niji 5 都能用來生成動漫圖片，兩者有何差異呢？下面的圖片可以供你參考，對於人物，Midjourney v5.2 所生成的作品帶有藝術風格，而 niji 5 所生成的作品則是我們認知中的二次元動漫風格，通常在生成這種類型的作品時，使用 niji 會比較容易達到想要的效果。

❶ two anime girls holding red roses --v 5.2（兩位動漫女孩拿著紅玫瑰 , v5.2）
❷ two anime girls holding red roses --niji 5（兩位動漫女孩拿著紅玫瑰 , niji 5）

至於在景物的方面，v5.2 對於動漫的詮釋採取寫實風，niji 5 則是柔和明亮。

❶ inside the bus, anime style --v 5.2（公車內部 , 動漫風格 , v5.2）
❷ inside the bus, anime style --niji 5（公車內部 , 動漫風格 , niji 5）

2-2-2　--ar、--aspect (圖片的長寬比)

--ar、--aspect 參數可以用來設定圖片的長寬比,所謂**長寬比** (aspect ratio) 指的是圖片的寬度與高度之比,通常表示成兩個以冒號隔開的數字,例如 **--ar 16:9** 或 **--aspect 16:9** 表示長寬比為 16:9,預設為 1:1。

常見的圖片比例如下,注意 --ar、--aspect 參數後面的數字必須是整數,例如 1.5:1 或 1.25:1 是不行的,必須轉換成整數,例如 3:2 或 5:4:

◈　--ar 1:1 (預設的比例)

◈　--ar 5:4 (相框和印刷常見的比例)

◈　--ar 3:2 (印刷攝影常見的比例)

◈　--ar 7:4 (接近高畫質電視和智慧型手機的比例)

❶ Eiffel Tower, watercolor style --ar 4:7 (艾菲爾鐵塔 , 水彩風格 , 4:7)
❷ Notre-Dame Cathedral, watercolor style --ar 5:4 (聖母百花大教堂 , 水彩風格 , 5:4)

2-2-3　--s、--stylize (Midjourney 預設美學風格的強度)

Midjourney Bot 在經過訓練後，會產生偏好藝術色彩、構圖和形式的圖片，也就是所謂 **Midjourney 預設美學風格**。如果要影響這種訓練的強度，可以使用 **--s** 或 **--stylize** 參數，合法值為 0-1000 的整數，預設為 100，值愈大，圖片的藝術性就愈高，與提示詞的關聯性就愈低，下面是一些例子。

當 --s 參數的值愈小時，圖片的預設美學風格會降低，與提示詞的關聯性會提高

illustrated bridal bouquet --s 50 (新娘捧花插圖 , --s 50)

illustrated bridal bouquet --s 100 (新娘捧花插圖 , --s 100)

illustrated bridal bouquet --s 250 (新娘捧花插圖 , --s 250)

當 --s 參數的值愈大時，
圖片的預設美學風格會
提高，與提示詞的關聯
性會降低

illustrated bridal bouquet --s 750 (新娘捧花插圖 , --s 750)

附帶一提，在 /settings 中有下列四個按鈕對應至 --s 參數，其中 Stylize low
= --s 50，Stylize med = --s 100，Stylize high = --s 250，Stylize very high = --s 750。

Stylize low　　Stylize med　　Stylize high　　Stylize very high

2-2-4　--no（降低元素在圖片中的比例）

文字提示詞又分成「正向」與「負向」，正向表示應該出現的內容，而負向表示不要出現的內容。Midjourney 不太擅長處理否定句，但我們可以使用 **--no** 參數和負向提示詞，讓機器人試著降低元素在圖片中的比例。

❶ wonderful scenery in a sunny day（美妙的晴天風景）
❷ wonderful scenery in a sunny day **--no green**（加上 --no 參數降低綠色的比例）

如果有兩個以上的元素不想出現，可以使用 **--no < 元素 1>, < 元素 2>** 語法。

❶ beautiful landscape（漂亮的風景）
❷ beautiful landscape **--no tree, river**（加上 --no 參數降低樹與河流的比例）

2-2-5　--c、--chaos（圖片的變化程度）

--c、--chaos 參數可以用來設定四張圖片的變化程度，合法值為 0 - 100，預設為 0，數字愈大，圖片就愈不尋常、愈出乎意料。以下圖為例，--c 參數的值為 0，Midjourney 生成了一隻貓和毛線球，四張圖片的變化程度並不大。

a cat and ball of yarn, cartoon style --c 0（貓和毛線球，卡通風格，--c 0）

接著，我們保留相同的提示詞，但是將 --c 參數的值改成 50，此時可以看到第一張圖片的風格與其它三張有明顯差異，同時毛線球的位置、大小、形狀也變得不太一樣。

a cat and ball of yarn, cartoon style --c 50（貓和毛線球，卡通風格，--c 50）

最後，我們將 --c 參數的值改成 100，結果出現四張截然不同的圖片。

a cat and ball of yarn, cartoon style --c 100（貓和毛線球 , 卡通風格 , --c 100）

2-2-6　--tile（生成重複圖塊以拼貼無縫圖片）

我們可以使用 **--tile** 參數生成重複圖塊以拼貼無縫圖片，進而應用在壁紙、織物、紋理材質、背景圖案等。請注意，--tile 參數只會生成一張重複圖塊，如果想要將它組合起來，可以自行手動拼貼或使用拼貼網站（例如 https://www.pycheung.com/checker/）。我們也可以利用動物、植物、地磚、阿拉伯花紋等素材生成重複圖塊，下面是一些例子。

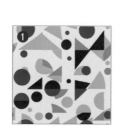

❶ circle, triangle, rectangle --tile（圓形、三角形、長方形）　❷ 四張圖片的拼貼結果

❸ watercolor sparrow --tile（水彩麻雀） ❹ 四張圖片的拼貼結果

❺ watercolor flower --tile（水彩花朵） ❻ 四張圖片的拼貼結果

❼ floor tile --tile（地磚） ❽ 四張圖片的拼貼結果

2-2-7 --seed (圖片的種子編號)

Midjourney 在生成圖片時並非完全隨機，一張圖片會受到提示詞、參數和種子的影響，使用相同的提示詞、參數和種子就會得到相同的結果。在生成圖片的過程中，圖片會從一開始模糊的視覺噪點區域 (field of visual noise)，慢慢算出完整清晰的四張圖片，而決定視覺噪點區域該如何去生成結果的就是「種子」。每張圖片的種子編號都是隨機的，但可以使用 **--seed** 參數來指定，合法值為 0 - 4294967295，使用相同的種子編號將會生成類似的圖片，下面是一個例子。

1. **查詢種子編號**：依照下圖操作，找出圖片的種子編號。

此例的提示詞為「a wolf standing on the cliff --style raw」(站在懸崖上的狼，RAW 模式)

❶ 生成圖片　❷ 點按 [加入反應]
❸ 在搜尋欄位輸入「envelop」　❹ 點按信封表情符號

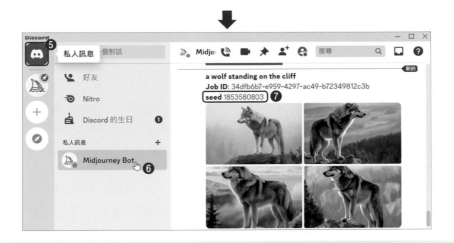

❺ 點按 [私人訊息]　❻ 點按 [Midjourney Bot]　❼ 此數字為四張圖片的種子編號

2. **使用 --seed 參數生成圖片**：依照下圖操作，由於此處有指定前面查詢到的種子編號，所以會生成四張類似但換成雪景的圖片。

❶ 使用 /imagine 指令，提示詞加上「,snowy landscape」(雪景)，並加上 --seed 參數和種子編號　❷ 生成四張類似但換成雪景的圖片

2-3　進階提示詞

在本節中，我們會介紹更多使用提示詞的技巧，包括圖生圖、remix（重新混合）模式、多重提示詞和 v5.2 新增的 Zoom Out（縮小）、Pan（擴展）功能。

2-3-1　圖片提示詞（圖生圖）

圖片提示詞（image prompt）可以實現「圖生圖」的功能，讓 Midjourney 同時參考我們所提供的圖片和文字提示詞來生圖，避免出現過度「超乎想像」的圖片，讓生成的結果變得更可控。

一張圖生圖

我們可以使用一張圖片和文字提示詞進行圖生圖，下面是一個例子。

1. **準備圖片**：我們準備了一張圖片 tablet.png 讓 Midjourney 參考（.png、.gif 或 .jpg 格式皆可），以根據其構圖、風格和顏色來生圖。為了獲得最佳效果，原圖的長寬比請盡量和輸出圖片一致。

2. **準備文字提示詞**：我們先構想出中文提示詞為「辦公室裡放著平板和咖啡」，然後翻成英文為「**In the office, there are a tablet and coffee**」。

3. **上傳並送出圖片**：依照下圖操作。

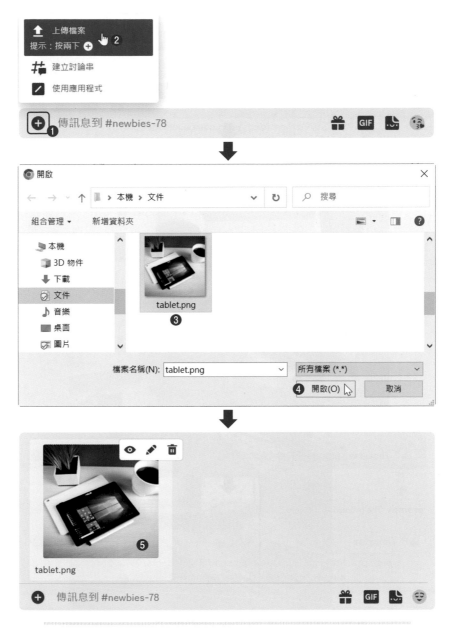

❶ 點按加號　❷ 點選 [上傳檔案]　❸ 點選圖片
❹ 按 [開啟]　❺ 圖片出現在此，請按 [Enter] 鍵送出到聊天室

7. **輸出圖片**：我們針對其中一張圖片做輸出，雖然文字提示詞裡面都沒有講到盆栽和平板的開機畫面，但在圖生圖的時候，Midjourney 還是參考了這兩個元素並做了一些變化。

設定圖片提示詞的權重 --iw（適用於 v5/v5.1/v5.2/niji 5 模型）

有時我們可能會覺得 Midjourney 對於圖片的參考程度太多或太少，此時，可以透過 **--iw** 參數來調整圖片的權重 (image weight)，權重愈大，參考程度就愈大，反之則愈小。

目前 --iw 參數適用於 v5/v5.1/v5.2/niji 5 模型，合法值為 0.5 - 2，預設為 1。舉例來說，我們可以在前一個例子的圖片和文字提示詞後面加上 **--iw 2** 參數，提高 Midjourney 對於圖片的參考程度。

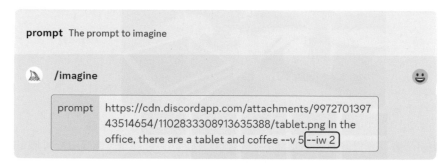

結果如下，四張圖片均相當接近原圖的構圖、風格和顏色。

若換成 **--iw 0.5**，結果如下，四張圖片和原圖的差異較大、較有創意。

多張圖生圖

我們也可以使用多張圖片和文字提示詞進行圖生圖,下面是一個例子。

1. **準備圖片**:我們準備了兩張圖片 grass.png 和 puppy.png 讓 Midjourney 參考,以根據其構圖、風格和顏色來進行生圖。

2. **準備文字提示詞**:我們先構想出中文提示詞為「一隻博美狗正在草地上奔跑」,然後翻成英文為「**a Pomeranian dog is running on the grass**」。

3. **上傳並送出圖片**:仿照「一張圖生圖」的步驟 3. 上傳兩張圖片並按 [Enter] 鍵送出到聊天室。

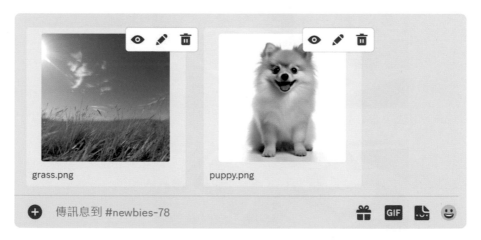

4. **輸入圖片提示詞**：仿照「一張圖生圖」的步驟 4. 將送出到聊天室的兩張圖片拖曳到 prompt 方框，兩者中間以空白隔開。

5. **輸入文字提示詞**：在第二張圖片的網址後面輸入一個空白，接著輸入英文提示詞和 **--style raw** 參數，然後按 [Enter] 鍵送出。

6. **產生結果**：Midjourney 會生成四張博美狗在草地上奔跑的圖片。

NOTE 多張圖生圖 vs. 圖片融合

這兩種功能都可以使用兩張以上的圖片去生成圖片，差別在於「多張圖生圖」可以加入文字提示詞，讓文字去影響結果，而「圖片融合」的原意是為了方便行動裝置使用者所設計，無法輸入文字提示詞，而且最多五張圖片。

以下面的兩張圖片為例，圖❶為多張圖生圖的結果，由於文字提示詞有提到奔跑，所以會看到博美狗正在草地上奔跑，而圖❷為圖片融合的結果，純粹是將草地和博美狗融合成一張圖片。

❶ 多張圖生圖的結果　❷ 圖片融合的結果

2-3-2　remix（重新混合）模式

有時生出了一張喜歡的圖片，但又想要局部修改一些細節，或是想要保留一樣的構圖，但變換一種模型、風格、長寬比、材質或光線等，此時，可以使用remix 模式，下面是一個例子。

1. **切換到 remix 模式**：在對話框中點選 **/prefer remix** 指令；或者，也可以在 /settings 中切換到 remix 模式，第 2-1-6 節有介紹過。

2. **點選變化功能**：首先，使用 /imagine 指令生成圖片，然後從中挑選要做變化的圖片，假設是第四張，請點選 [V4] 按鈕，或是先點選 [U4] 按鈕，然後在輸出圖片的下面點選 [Make Variations] 按鈕。

❶ line-art stack of pumpkins --style raw - @jean (relaxed)

❶ 此例的提示詞為「line-art stack of pumpkins」（線條藝術南瓜堆）
❷ 針對要做變化的圖片點選對應的 V 按鈕
❸ 也可以先輸出圖片，然後點選 [Make Variations] 按鈕

2-3-3　多重提示詞

英文有時會出現複合詞，例如 **hot dog** 指的是「食物的熱狗」，倘若要表達「很熱的狗」，那麼要如何讓 Midjourney 分開理解呢？此時，可以使用**雙冒號 ::** 做為分隔符號，例如 Midjourney 會將 **hot:: dog** 提示詞中的 hot 和 dog 兩個概念分開理解，進而生成出「很熱的狗」的圖片。

雙冒號 :: 除了能夠用來分隔兩個或多個不同的概念，還能調整提示詞中不同部分的權重來分配相對重要性，注意雙冒號 :: 之間沒有空白。

分隔提示詞中不同的概念

下面是一個例子，圖 ❶ 的 **green house** 指的是「溫室」，而圖 ❷ 的 **green:: house** 因為使用雙冒號分隔 green 和 house，於是生成出「綠色的房子」。

❶ green house（溫室）　❷ green:: house（綠色的房子）

調整提示詞中不同部分的權重

我們在第 2-3-1 節介紹過圖片的權重，至於文字的權重，只要在雙冒號的後面加上數值就能賦予權重，數值愈大，表示該文字對結果的影響就愈大。Midjourney v5/v5.1/v5.2 可以接受任何數值做為權重，沒有指定的話，表示預設為 1，不像 --iw 參數有限制在 0.5 - 2 之間。

範例 1

這個提示詞分成三個部分，two butterflies、white flowers 和 blue sky 的權重分別為 3、2、1 或 300、200、100，也就是 3:2:1。

two butterflies::3 white flowers::2 blue sky

第一個部分權重 3　　　　第二個部分權重 2　　第三個部分權重 1

two butterflies::300 white flowers::200 blue sky::100

第一個部分權重 300　　　　第二個部分權重 200　　第三個部分權重 100

範例 2

這個提示詞分成兩個部分，a beautiful girl 和 is holding a book 的權重分別為 1、0.5，也就是 2:1，其中 0.5 也可以省略 0，只輸入 .5。

a beautiful girl:: is holding a book::0.5

第一個部分權重 1　　　　第二個部分權重 0.5

範例 3

這個提示詞分成兩個部分，people walking on the street 和 man 的權重分別為 1、-0.5，也就是 2:-1，將男人的權重設定成負值，所生成的圖片就比較不容易出現男人。

people walking on the street:: man::-0.5

第一個部分權重 1　　　　第二個部分權重 -0.5

此例特別之處在於權重也可以設定成負值，表示刪除不需要的元素，讓該元素不容易出現在圖片中，第 2-2-4 節所介紹的 --no 參數其實就是 ::-0.5。另外要注意的是所有權重的總和必須是正數。

現在，我們就利用「兩隻蝴蝶、白花、藍天」來示範不同權重的差異。

提示詞：

two butterflies:: white flowers:: blue sky::

每個提示詞的權重皆為 1，此時，所生成的圖片著重於描繪提示詞中先出現的兩隻蝴蝶，而其它像花朵及藍天則較不明顯。

提示詞：

two butterflies:: white flowers:: blue sky::2

我們可以試著將「blue sky」的權重提高到 2，與第一張圖片相比，Midjourney 會更加強藍天，天空的占比提高了，顏色也變得更藍了。

提示詞：

two butterflies::0.5 white flowers:: blue sky::

我們也可以試著將「two butterflies」的權重下降到 0.5，與第一張圖片相比，蝴蝶除了體積變小，甚至連數量都縮減了，而其它元素則變得較明顯。

2-3-4　Zoom Out (縮小)

Zoom Out (縮小) 功能可以讓我們在不改變原始圖片的情況下放大圖片的畫布，擴展出來的畫布會根據提示詞和原始圖片來填充。下面是一個例子，在輸出圖片後，會出現一排和 Zoom Out 功能相關的按鈕，如下。

此例的提示詞為「a cute kitten --ar 3:2」(一隻可愛的小貓, 3:2)

點選 **[Zoom Out 2x]** 按鈕會將圖片縮小 2 倍，如下。

◈ 點選 [Zoom Out 1.5x] 按鈕會將圖片縮小 1.5 倍，如下。

◈ 點選 [Make Square] 按鈕會將非正方形的圖片製作成正方形，如下。若原始長寬比為寬的（橫向），就會在垂直方向做擴展；相反的，若原始長寬比為高的（直向），就會在水平方向做擴展。

請注意，若原始長寬比為正方形，就不會出現 [Make Square] 按鈕；此外，Zoom Out 功能不會增加圖片的最大尺寸，仍會保持在 1024×1024 像素。

◈ 點選 [Custom Zoom] 按鈕會出現對話方塊供自訂縮放，我們可以輸入
--zoom 和 **1-2** 之間的數值來設定縮小倍數，例如「**--zoom 1.25**」表示
縮小 1.25 倍；若只要變更長寬比，例如 16:9，但不要縮小，可以輸入
「**--zoom 1 --ar 16:9**」。

我們也可以先修改提示詞，再設定縮小倍數，例如在下面的對話方塊中先
輸入「**A framed picture on the wall --zoom 2**」(牆上的裱框畫作，縮小
2 倍)，然後按 [**提交**]，就會出現貓咪畫作掛在牆上的圖片。

❶ 輸入提示詞與縮小倍數 　❷ 按 [提交] 　❸ 生成圖片

2-3-5　Pan（擴展）

Pan（擴展）功能可以將圖片往左、右、上、下的方向做無縫擴展，擴展出來的畫布會根據提示詞和原始圖片來填充，下面是一個例子。

1.　在輸出圖片後，會出現一排和 Pan 功能相關的按鈕，如下，假設要將圖片向左擴展，請點選 ← 按鈕。

此例的提示詞為「a beautiful Japanese girl, red white dress, long hair, blonde hair, wonderful red eyes, blue sky, cherry blossoms, smile, delicate, standing in front of shrine, Torii, colorful, hair accessory, graceful, full body shot --niji 5」（美麗的日本女孩，紅白洋裝，長髮，金髮，迷人紅色眼睛，藍天，櫻花綻放，微笑，站在神社鳥居前，色彩繽紛，頭飾，優雅，全身照）

2.　出現 [**Pan Left**] 對話方塊，我們先不修改提示詞，直接按 [**提交**]。

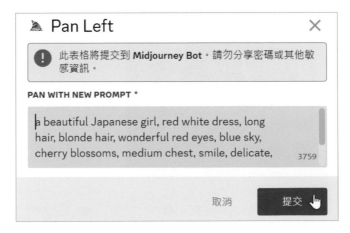

3. 出現向左擴展的結果，我們輸出其中一張，如下，接著要向右擴展，請點選 ➡ 按鈕。請注意，已經做過左右擴展的圖片可以再做左右擴展或 Zoom Out，但不能做上下擴展，也不能設定每次的擴展量。

4. 出現 [Pan Right] 對話方塊，我們將提示詞修改成「a fox girl --niji 5」(一個狐狸女孩 , niji 5)，然後按 [提交]，讓向右擴展的部分根據新的提示詞和原始圖片來填充。為了避免在做擴展時出現重複圖像，建議你試著修改提示詞，以包含新的細節。

5. 出現向右擴展的結果，我們輸出其中一張，發現圖片不僅向右擴展了，而且還根據新的提示詞生成一個可愛的狐狸女孩。

 NOTE

❯ 如果你沒有看到 **[Pan Left]** 或 **[Pan Right]** 對話方塊，可以在 /settings 中切換到 remix 模式。同一張圖片無法同時做水平和垂直擴展。

❯ 如果你對擴展後的圖片做 Zoom Out，例如上圖做 Zoom Out 的結果如下，解析度將恢復到預設大小（1024×1024 像素）。

CHAPTER
03

Midjourney × ChatGPT
詠唱咒語

在本章的一開始,我們將帶你探索提示詞的更多可能,以簡短的提示詞結合媒介、年代、顏色、情緒、環境、風格、視角、光線等概念來生成更有特色的圖片。

接著會請出 ChatGPT 大神來幫忙,從最簡單的翻譯提示詞做起,進一步生成文本、激發靈感,最後將 ChatGPT 訓練成 Midjourney 提示詞生成器。

有了 ChatGPT 的神助攻,馬上動手創作「小王子繪本電子書」,讓每個人都能擁有自己的「小王子」!

3-1 探索提示詞的更多可能

在前兩章中，我們只是透過一些類似 tulip flowers, Claude Monet style（鬱金香花海，莫內風格）、toy car, lego style（玩具車，樂高風格）等簡短的提示詞，就可以生成精美的圖片，但其實我們還可以結合媒介、年代、顏色、情緒、環境、風格、視角、光線等概念來生成更有創意、更獨具特色的圖片，以下各小節有進一步的說明。

3-1-1 媒介

想要生成美圖，指定藝術媒介是個好辦法，看是要素描、水彩畫、油畫、水墨畫、插畫、版畫、攝影、塗鴉等，Midjourney 都能傳神地詮釋出來。由於藝術媒介的種類繁多，無法全數列舉，我們將常見的列表如下，同時透過「**sketch style of Audrey Hepburn**」（素描風格奧黛麗赫本）、「**watercolor style of Audrey Hepburn**」（水彩畫風格奧黛麗赫本）等提示詞來示範效果。

如果你有想到更多的藝術媒介，可以使用 Google 翻譯或 ChatGPT 翻成英文，然後套用進去看看。如果你對列表中的某些藝術媒介不甚瞭解，可以直接問 ChatGPT，例如「什麼是 lino cut？」，就會得到相關介紹。

英文	中文	英文	中文
sketch	素描	watercolor	水彩畫
oil painting	油畫	ink painting	水墨畫
illustration	插畫	photography	攝影
block print	版畫	folk art	民間藝術
cyanotype	藍印	graffiti	塗鴉
paint-by-numbers	數字油畫	risograph	孔版印刷
ukiyo-e	浮世繪	pixel art	像素藝術
blacklight	黑光藝術	cross stitch	十字繡
sculpture	雕塑	manuscript	手稿
lino cut	木刻版畫	line art	線條藝術

sketch style of Audrey Hepburn（素描）

watercolor style of Audrey Hepburn（水彩畫）

oil painting style of Audrey Hepburn（油畫）

ink painting style of Audrey Hepburn（水墨畫）

illustration style of Audrey Hepburn（插畫）

photography style of Audrey Hepburn（攝影）

ukiyo-e sketch of Audrey Hepburn（浮世繪）

folk art sketch of Audrey Hepburn（民間藝術）

lino cut sketch of Audrey Hepburn（木刻版畫）

sculpture sketch of Audrey Hepburn（雕塑）

graffiti sketch of Audrey Hepburn（塗鴉）

blacklight sketch of Audrey Hepburn（黑光藝術）

我們可以進一步使用更精確的詞彙來描述圖片的外觀與感覺，以素描來說，其實又有不同的工具（例如鉛筆、蠟筆、炭筆等）和表現技法（例如寫生、速寫、盲線輪廓、明暗研究等），下面是一些例子，例如「**loose gestural sketch of Audrey Hepburn**」（奧黛麗赫本的速寫）。

英文	中文	英文	中文
pencil sketch	鉛筆素描	crayon sketch	蠟筆素描
charcoal sketch	炭筆素描	life drawing	寫生
continuous line	連續線條	loose gestural	速寫
blind contour	盲輪廓	value study	明暗研究

pencil sketch of Audrey Hepburn（鉛筆素描）

crayon sketch of Audrey Hepburn（蠟筆素描）

loose gestural sketch of Audrey Hepburn（速寫）

value study sketch of Audrey Hepburn（明亮研究）

3-1-3 顏色

我們可以在提示詞中加上各種顏色，讓 Midjourney 根據指定的顏色去生成圖片。如果要查詢顏色名稱，可以在 Google 輸入「顏色列表」進行搜尋。除了平常所熟知的 red（紅）、green（綠）、blue（藍）等顏色之外，還有一些比較特殊的，例如 viva magenta（萬歲洋紅）、coral orange（珊瑚橘）、empire yellow（帝國黃）、acid green（酸綠）、sage green（鼠尾草綠）、lavender purple（薰衣草紫）、two toned（雙色）、neutral（中性）、desaturated（去飽和）、pastel（粉彩）等。

下面是一些例子，例如「**millennial pink flower**」（千禧粉紅的花）、「**serenity blue flower**」（靜謐藍的花）、「**neutral flower**」（中性色的花）等。

millennial pink flower（千禧粉紅的花）

serenity blue flower（靜謐藍的花）

viva magenta flower（萬歲洋紅的花）

coral orange flower（珊瑚橘的花）

lavender purple flower（薰衣草紫的花）

peach flower（水蜜桃色的花）

neutral flower（中性色的花）

sage green flower（鼠尾草綠的花）

silver and gold two toned flower（雙色的花）

empire yellow flower（帝國黃的花）

3-1-4　情緒

我們可以在提示詞中加上情感詞彙來賦予角色個性，下面是一些例子。

英文	中文	英文	中文
determined	堅定的	happy	快樂的
sleepy	愛睏的	angry	生氣的
adventure	冒險的	shy	害羞的
sorrow、sad	悲傷的	embarassed	尷尬的
mysterious	神秘的	cozy	舒適的
peaceful	平靜的	quiet	安靜的
evil	邪惡的	timid	膽小的

determined cat（堅定的貓）

happy cat（快樂的貓）

sorrow cat（悲傷的貓）

embarassed cat（尷尬的貓）

peaceful cat（平靜的貓）

adventure cat（冒險的貓）

cozy cat（舒適的貓）

mysterious cat（神秘的貓）

sleepy cat（愛睏的貓）

angry cat（生氣的貓）

3-1-5　環境

我們可以在提示詞中加上環境來營造不同的氛圍，下面是一些例子，不只是在沙漠、叢林、冰原或海邊，甚至連亞特蘭提斯或月球上都畫得出來。

英文	中文	英文	中文
tundra	苔原	desert	沙漠
salt flat	鹽沼	mountain	山
jungle	叢林	ice sheet	冰原
forest	森林	grassland	草原
seaside	海邊	in the sea	海裡
underwater	水下	city	城市
office	辦公室	cafe	咖啡廳
countryside	鄉村	ruins	廢墟
train	火車	bus	巴士
space	太空	on the moon	月球上
indoors	室內	outdoors	室外
atlantis	亞特蘭提斯	emerald city	翡翠城
Avatar Pandora	阿凡達潘朵拉星	sunny day	晴天
cloudy day	陰天	rainy day	雨天
snowy day	雪天	foggy day	霧天

desert cat（在沙漠的貓）

salt flat cat（在鹽沼的貓）

city cat（在城市的貓）

seaside cat（在海邊的貓）

ice sheet cat（在冰原的貓）

jungle cat（在叢林的貓）

atlantis cat（在亞特蘭提斯的貓）

on the moon cat（在月球上的貓）

3-1-6 風格

我們可以在提示詞中加上風格來生成心目中理想的作品，這些風格可以是藝術技巧、藝術運動、流派、畫家、插畫家、漫畫家、建築師、攝影師、設計師、時尚設計師、電影導演、動畫導演、動漫風格等。

藝術技巧

英文	中文	英文	中文
biological illustration	生物插圖	anatomical illustration	解剖插圖
aerosol paint	噴霧塗料	animation style	動畫風格
arabesque	阿拉伯式花紋	anthotype print	植物拓印
aquatint print	蝕刻版畫	bird's eye view	鳥瞰圖
bas-relief	浮雕	blacklight paint	黑光彩繪
batik	蠟染	bonsai	盆栽
blueprint	藍圖	carving	雕刻
cartoon style	卡通風格	brush pen drawing	毛筆繪畫
Chinese ink brush	中國水墨畫	Chinese calligraphy	中國書法
charcoal drawing	木炭繪畫	claymation	黏土動畫
close-up portrait	特寫肖像	comic strip style	連環漫畫風格
color sketchnote style	彩色速寫風格	comic book style	漫畫風格
crayon drawing	蠟筆繪畫	cutout animation	剪紙動畫
diorama	透視畫	embossing	浮雕
embroidery	刺繡	portrait	肖像畫
extreme close-up portrait	極近距離肖像畫	extreme wide portrait	極寬肖像畫
family portrait	家庭肖像畫	fisheye lens	魚眼鏡頭
fashion illustration	時尚插圖	fast shutter speed	快門速度快
gzhel ceramic	gzhel 陶瓷	grayscale	灰階
group portrait	群體肖像	gold leafing	金箔貼花

英文	中文	英文	中文
glitter drawing	閃粉繪畫	graffiti	塗鴉
high shutter speed	高快門速度	3d graffiti	3d 塗鴉
HDR	高動態範圍成像	holography	全息攝影
ikebana	日本花藝	ink drawing	水墨畫
intaglio print	凹版印刷	low angle	低角度
infrared photography	紅外線攝影	light field photography	光場攝影
linocut print	木刻版畫	lego style	樂高風格
letterpress print	凸版印刷	light tracing	光線追蹤
manga style	日本漫畫風格	muppet style	布偶風格
made of lace	由蕾絲製成	marker drawing	麥克筆繪畫
millefiori glass	千花玻璃	mosaic	馬賽克
oil paint	油畫	origami	摺紙
paper cutout	剪紙	pastel drawing	粉彩畫
pen drawing	筆畫	pencil drawing	鉛筆畫
photogram	光影畫	pinhole lens	針孔鏡頭
pixel drawing	像素繪畫	sitting portrait	坐姿肖像
scraperboard art	刮刀板畫	snowglobe	雪花球
scratchboard art	刮線板畫	stained glass	彩色玻璃
slow shutter speed	慢快門速度	sock puppet style	襪偶風格
sumi-e drawing	墨繪	technical drawing	工程繪圖
terracotta	陶土	thermograph	熱像圖
Ukiyo-e	浮世繪	ultra wide lens	超廣角鏡頭
ultraviolet photography	紫外線攝影	underwater photography	水下攝影
latte art	拿鐵藝術	vitreous enamel	琺瑯彩繪
wireframe drawing	線框圖	knolling	垂直或水平排放物品
watercolor paint	水彩繪畫	wide angle lens	廣角鏡頭
x-ray	X 光	wood carving	木雕

a fox, cartoon style（卡通風格）

a fox, animation style（動畫風格）

a fox, comic book style（漫畫風格）

a fox, biological illustration（生物插圖）

a fox, origami style（摺紙風格）

a fox, paper cutout style（剪紙風格）

building, wireframe drawing（建築物 , 線框圖）

landscape, Chinese ink brush（山水 , 中國水墨畫）

flowers, ikebana style（花 , 日本花藝）

flowers, anthotype print（花 , 植物拓印）

great white shark, underwater photography
（大白鯊 , 水下攝影）

Barbie's wardrobe, knolling
（芭比的衣櫥 , 垂直或水平排放物品）

藝術運動、流派

藝術運動與流派的種類非常多,在此,我們列出一些常見的中英對照供你參考,同時也會挑選幾種流派來做示範,更多的介紹可以參閱第 5 章。

英文	中文	英文	中文
art deco	裝飾藝術	abstract art	抽象藝術
aerial photography	航拍攝影	abstract expressionism	抽象表現主義
ancient art	古代藝術	art nouveau	新藝術風格
architectural photography	建築攝影	art modern architecture	現代藝術建築風格
baroque	巴洛克	biopunk	生物龐克
baroque architecture	巴洛克建築	byzantine architecture	拜占庭建築風格
boho fashion	波希米亞風格	brutalism	野蠻主義
catholic icon	天主教圖像	cave painting	洞穴壁畫
concept art	概念藝術	contemporary art	當代藝術
cosplay fashion	cosplay 風格	digital collage	數位拼貼
dada movement	達達主義	expressionism	表現主義
dark academia fashion	黑暗學院風格	expressionist architecture	表現主義建築風格
fairy kei fashion	童話系風格	fauvism	野獸派
folk art	民間藝術	funk art	放克藝術
futurism	未來主義	gothic art	哥德藝術
fashion photography	時尚攝影	gothic architecture	哥德式建築
glamour fashion	魅力時尚	gond painting	貢德畫
greek architecture	希臘建築	grimdark	陰暗奇幻
hip hop fashion	嘻哈風格	hippie fashion	嬉皮風格
hypermodernism	超現代主義	hyperrealism	超寫實主義
impressionism	印象派	magic realism	魔幻寫實主義
islamic architecture	伊斯蘭式建築	industrial photography	工業攝影

英文	中文	英文	中文
medieval art	中世紀藝術	minimalism	極簡主義
medieval architecture	中世紀建築	minimalist architecture	極簡主義建築
metalhead fashion	重金屬時尚	modernism	現代主義
moorish architecture	莫爾式建築	modern architecture	現代建築
mugshot	被捕照片	naive art	素人藝術
neo-romanticism	新浪漫主義	neoclassicism	新古典主義
ottoman architecture	鄂圖曼建築	neoclassical architecture	新古典主義建築
orientalism	東方主義	orphism	奧菲斯主義
orthodox icon	東正教聖像	pichwai painting	皮奇瓦畫
pictorialism	繪畫主義	pixel art	像素藝術
polaroid	拍立得	pop art	普普藝術
post-impressionism	後印象派	postminimalism	後極簡主義
pinhole photography	針孔攝影	postmodern architecture	後現代建築
pre-raphaelitism	前拉斐爾主義	punk fashion	龐克時尚
qajar art	卡傑爾藝術	quranic art	古蘭經藝術
realism	現實主義	rocker fashion	搖滾時尚
roman architecture	羅馬建築	renaissance	文藝復興
romanesque architecture	仿羅馬建築	renaissance architecture	文藝復興建築
revolutionary art	革命藝術	rococo	洛可可風格
traditional Japanese architecture	日本傳統建築	streamline moderne architecture	流線型現代主義建築
traditional Chinese architecture	中國傳統建築	victorian architecture	維多利亞建築
romanticism	浪漫主義	street art	街頭藝術
street photography	街頭攝影	surrealism	超現實主義
suprematism	至上主義	vintage fashion	復古風格
vintage photograph	復古照片	war photography	戰爭攝影

a mother, catholic icon (母親 , 天主教圖像)

a lady, renaissance (女士 , 文藝復興)

a lady, baroque (女士 , 巴洛克)

a lady, impressionism (女士 , 印象派)

a lady, magic realism (女士 , 魔幻寫實)

a lady, pop art (女士 , 普普藝術)

living room, neoclassicism（客廳 , 新古典）

living room, rococo（客廳 , 洛可可）

church, gothic architecture（教堂 , 哥德式）

church, islamic architecture（教堂 , 伊斯蘭式）

B&B, greek architecture（民宿 , 希臘建築）

B&B, traditional Japanese architecture
（民宿 , 傳統日本建築）

大師或專家的名字

我們可以在提示詞中加入畫家、插畫家、漫畫家、建築師、攝影師、設計師、時尚設計師、電影導演、動畫導演等大師或專家的名字，讓 Midjourney 根據其風格去生成圖像。下面是一些例子，如果你有想到其它人，可以使用 Google 翻譯或 ChatGPT 翻成英文，然後套用進去看看。

英文	中文	英文	中文
Leonardo da Vinci	達文西	Michelangelo	米開朗基羅
Raphael	拉斐爾	Claude Monet	莫內
Vincent van Gogh	梵谷	Paul Gauguin	高更
Pierre-Auguste Renoir	雷諾瓦	Wassily Kandinsky	康定斯基
Edouard Manet	馬奈	Paul Cezanne	塞尚
Pablo Picasso	畢卡索	Gustav Klimt	克林姆特
Salvador Dali	達利	Marc Chagall	夏卡爾
Henri Matisse	馬蒂斯	Andy Warhol	安迪沃荷
Beatrix Potter	波特（彼得兔）	Hayao Miyazaki	宮崎駿
Eiichiro Oda	尾田榮一郎	Osamu Tezuka	手塚治虫
Makoto Shinkai	新海誠	Artgerm	劉展灝（漫威）
Charles Schulz	查爾斯（史努比）	Glen Keane	基恩（小美人魚）
Nicoletta Ceccoli	義大利插畫家	Yayoi Kusama	草間彌生
Yoshitomo Nara	奈良美智	Tadao Ando	安藤忠雄
Santiago Calatrava	拉特拉瓦	Frank Gehry	弗蘭克·蓋瑞
Antoni Gaudí	安東尼·高第	Karl Lagerfeld	拉格斐
Coco Chanel	香奈兒	Giorgio Armani	亞曼尼
Vivienne Westwood	韋斯特伍德	Christian Dior	迪奧
Ansel Adams	亞當斯	Richard Avedon	理查德·艾維頓
Vivian Maier	薇薇安·邁爾	Cartier-Bresson	布列松
Martin Parr	馬丁·帕爾	Alan Schaller	艾倫·沙勒
Steve Mccurry	史蒂夫·麥柯里	Helmut Newton	赫爾穆特·牛頓
Matt Molloy	馬特·莫洛伊	Mika Ninagawa	蜷川實花

girl and rabbit, Beatrix Potter (波特)

girl and rabbit, Nicoletta Ceccoli

girl and rabbit, Hayao Miyazaki (宮崎駿)

girl and rabbit, Raphael (拉斐爾)

wedding, Renoir (婚禮 , 雷諾瓦)

sunrise, van Gogh (日出 , 梵谷)

fashion show, Karl Lagerfeld (時裝秀 , 拉格斐)

fashion show, Coco Chanel (時裝秀 , 香奈兒)

B&B, Tadao Ando (民宿 , 安藤忠雄)

landscape, Matt Molloy (風景 , 莫洛伊)

landscape, Ansel Adams (風景 , 亞當斯)

landscape, Mika Ninagawa (風景 , 蜷川實花)

動漫風格

我們可以在提示詞中加上動漫風格、動漫作品或動漫家、動漫導演的名字，讓 Midjourney 試著去生成具有其特色的圖片。下面是一些動漫風格的中英對照，我們會挑選幾種來做示範，更多的介紹可以參閱第 6 章。

至於動漫作品，由於種類繁多，各有各的畫風與特色，例如 Demon Slayer（鬼滅之刃）、Totoro（龍貓）、One Piece（航海王）、Detective Conan（名偵探柯南）、Attack on Titan（進擊的巨人）、Doraemon（哆啦 A 夢）、Sailor Moon（美少女戰士）、Black Butler（黑執事）、Pokémon（寶可夢）、Dragon Ball Z（七龍珠）、Gundam（鋼彈系列）、灌籃高手（Slam Dunk）等，此處不一一列舉，你可以請 Google 翻譯或 ChatGPT 將想要的動漫作品翻成英文，然後加入提示詞。請注意，以這種方式所生成的圖片在公開使用之前請考慮版權問題，濫用可能會有侵權疑慮。

英文	中文
anime style	動漫風格
chibi anime style	Q 版動漫風格
gakuen anime style	學園動漫風格
gekiga anime style	劇畫動漫風格
j horror anime style	日本恐怖動漫風格
jidaimono anime style	時代劇動漫風格
josei anime style	女性向動漫風格
kawaii anime style	可愛動漫風格
kemonomimi anime style	獸耳動漫風格
kodomomuke anime style	兒童向動漫風格
mecha anime style	機械動漫風格
moe anime style	萌系動漫風格
realistic anime style	寫實動漫風格
seinen anime style	青年向動漫風格
semi-realistic anime style	半寫實動漫風格
shojo anime style	少女向動漫風格
shonen anime style	少年向動漫風格

a boy , gakuen anime style
（男孩 , 學園動漫 , v5.2）

a boy , gakuen anime style --niji 5
（男孩 , 學園動漫 , niji 5）

a girl in the snow, kemonomimi anime style
（女孩在雪地 , 獸耳動漫 , v5.2）

a girl in the snow, kemonomimi anime style
--niji 5（女孩在雪地 , 獸耳動漫 , niji 5）

a girl at school, j horror anime style
（女孩在校園 , 日本恐怖動漫 , v5.2）

a girl at school, j horror anime style --niji 5
（女孩在校園 , 日本恐怖動漫 , niji 5）

vampire baron, chibi anime style
（吸血鬼男爵 , Q 版動漫 , v5.2）

vampire baron, chibi anime style --niji 5
（吸血鬼男爵 , Q 版動漫 , niji 5）

a boy is punching, shonen anime style
（揮拳的男孩 , 少年向動漫 , v5.2）

a boy is punching, shonen anime style --niji 5
（揮拳的男孩 , 少年向動漫 , niji 5）

robot destroying city, mecha anime style
（機器人摧毀城市 , 機械動漫 , v5.2）

robot destroying city, mecha anime style
--niji 5（機器人摧毀城市 , 機械動漫 , niji 5）

castle, aerial view（城堡,鳥瞰視角）

castle, satellite view（城堡,衛星視角）

3-1-8　光線

我們可以在提示詞中加上光線詞彙來調整圖片的打光,下面是一些例子。

英文	中文	說明
volumetric lighting	體積光	光穿過某個介質產生如體積般的光。
soft lighting	柔光	光線較發散,較沒有方向性。
hard lighting	硬光	光線較集中,具有方向性。
mood lighting	氣氛光	如間接照明、較具有色彩的柔燈。
cold light	冷光	讓圖片整體色溫較高。
warm light	暖光	讓圖片整體色溫較低。
front, Back light	前、背光	打光的方向。
top, bottom light	頂、底光	打光的方向。
shimmering light	閃光	比較容易有一條條發散的光束。
fluorescent lighting	螢光燈	燈管光線,有時會有霓虹燈的效果。
ambient light	環境光	
bright	明亮的	當圖片整體偏暗時可使用。
dramatic light	戲劇光	比較容易有電影的昏暗光線效果。
Cyberpunk light	賽博龐克光	一種具有紫藍紅色光線的科幻風格。
high contrast	高對比度	將圖片暗部與亮部的差異擴大。
reflection effect	反射效果	

bright desk, minimalism, cold light
（明亮書桌 , 簡約主義 , 冷光）

bright desk, minimalism, warm light
（明亮書桌 , 簡約主義 , 暖光）

desk, minimalism, reflection effect
（書桌 , 簡約主義 , 反射效果）

desk, minimalism, fluorescent lighting
（書桌 , 簡約主義 , 螢光燈）

desk, minimalism, mood lighting
（書桌 , 簡約主義 , 氣氛光）

desk, minimalism, Cyberpunk light
（書桌 , 簡約主義 , 賽博龐克光）

3-2　使用 ChatGPT 生成提示詞

看到這裡，相信你已經使用 Midjourney 生成過不少圖片，也發現到 Midjourney 對於中文提示詞的理解程度還有待改進。為了讓 Midjourney 生成滿意的圖片，我們必須以英文來描述提示詞，不過，這對非英語系的我們來說是有點難度的，此時可以請目前熱門的 ChatGPT 來幫忙。

ChatGPT 是一款能夠以自然語言回答各種問題的 AI 聊天機器人，使用基於 GPT-3.5、GPT-4 架構的大型語言模型並以強化學習進行訓練，**GPT** (Generative Pre-trained Transformer，生成型預訓練變換模型) 是一個自迴歸語言模型，使用深度學習生成自然語言。ChatGPT 能夠和人類對話，回答問題，即時翻譯，生成文章、報告、郵件、故事等文本，甚至還能寫程式和除錯。

下面是我們歸納出來的一些用法，當然你也可以創意發想更多用法：

◈ 將自己想的中文提示詞翻成英文，例如「請將 " 一輛車在濱海公路奔馳，攝影風格 " 翻成英文」。

◈ 針對想要描繪的概念或主題加入場景、風格、媒介、構圖、視角、光線等描述，激發靈感，讓提示詞更明確，例如「請針對 " 一輛車在濱海公路奔馳，攝影風格 " 的主題加入車子外型、場景、構圖、風格、光線、攝影技巧等英文描述，大約 50 個字左右」。

◈ 第 3-1 節或網路上的 AI 繪圖文章有很多關於媒介、風格、視角、光線等方面的專有名詞、專業人士姓名或作品名稱，如果有不了解的名詞，可以請 ChatGPT 做介紹，例如「什麼是 manga？」。

◈ 將 ChatGPT 訓練成 Midjourney 提示詞生成器。

◈ 我們經常會在 newbies-# 頻道或 Midjourney Community Showcase (https://www.midjourney.com/showcase/recent/) 看到別人生成的美圖，對於喜歡的圖片，我們可以請 ChatGPT 將其提示詞翻成中文來觀摩學習，或請 ChatGPT 模仿其思考邏輯來生成關於某個主題的提示詞。

3-2-1　使用 ChatGPT 翻譯提示詞

使用 ChatGPT 的方式很簡單，請在瀏覽器開啟 ChatGPT 官方網站 (https://chat.openai.com/auth/login)，已經註冊的人可以按 [Log in]，然後輸入帳號與密碼進行登入，尚未註冊的人可以按 [Sign Up]，然後依照畫面上的提示進行註冊。

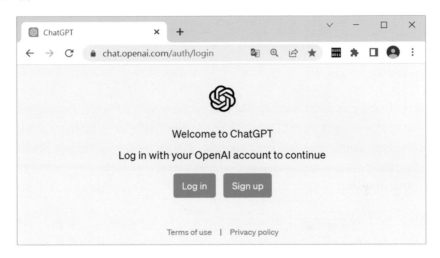

我們可以請 ChatGPT 將自己想的中文提示詞翻成英文，例如輸入「**請將 "一個小男孩與外星人相遇 " 翻成英文**」，結果得到「A little boy meets an alien.」。馬上將這句英文當作提示詞讓 Midjourney 生圖，結果如下，圖片很簡單，就只有小男孩和外星人，因為提示詞中沒有關於細節的描述。

3-2-2　使用 ChatGPT 生成提示詞的文本

我們可以請 ChatGPT 生成提示詞的文本，來激發靈感，彌補想像力或詞彙的不足，例如輸入「**請根據你所知道的 AI 繪圖提示詞結構與邏輯，針對 " 一個小男孩與外星人相遇 " 的主題加入場景、構圖、風格、光線等英文描述，大約 50 個字左右**」，結果如下。

我們之所以會寫「請根據你所知道的 AI 繪圖提示詞結構與邏輯」主要是因為 ChatGPT 的訓練資料只到 2021 年，它並不認識 2022 年 7 月才公開測試的 Midjourney。

In a heartwarming encounter, a young boy crosses paths with a friendly extraterrestrial being. The boy's eyes light up with curiosity as he meets the alien, who has a playful smile and a shimmering, multi-colored appearance. They meet on a moonlit beach, where the gentle waves and sparkling stars create a serene atmosphere, fostering a connection that transcends worlds.

中文翻譯：在一次溫馨的相遇中，一個小男孩與友善的外星生物相遇。小男孩的眼睛充滿好奇，當他遇見這位外星人時，外星人展現出俏皮的微笑和閃爍多彩的外貌。他們相遇在月光照耀的海灘上，柔和的海浪和閃爍的星星營造出寧靜的氛圍，培育著超越世界的連結。

馬上將這個文本當作提示詞讓 Midjourney 生圖，結果如下，生出了月光照耀的海灘、柔和的海浪和閃爍的星星，畫面變得豐富了。

NOTE

由於 ChatGPT 每次給的對話內容不一定會相同，尤其是像「一個小男孩與外星人相遇」這種沒有標準答案的提問，所以你得到的結果通常和書上的範例不同，如果你不喜歡 ChatGPT 給的文本，可以重複提問，讓它多生成幾個版本，再從中挑選滿意的。

你也可以指定場景或畫風，例如告訴 ChatGPT 將場景設定成花園、森林、沙漠或鄉村，讓它提供不同的場景描述。此外，ChatGPT 生成的文本可能會包含贅字或空泛的詞彙，你可以自己修改，也可以使用第 2-1-4 節所介紹的 /shorten 指令分析文本，刪掉沒有作用的詞彙，讓提示詞專注於核心的概念，這樣生圖的效果會比較好。

3-2-3　將 ChatGPT 訓練成 Midjourney 提示詞生成器

前兩節所教的方法其實就可以讓 Midjourney 生成不錯的美圖，有些簡短的提示詞只要搭配適合的媒介或風格，就會有很好的效果。不過，如果能夠將 ChatGPT 訓練成 Midjourney 提示詞生成器，使用起來也很方便，我們的訓練步驟如下：

1. **建立專屬對話**：點按 ChatGPT 左側的 [＋ New Chat]，開啟新對話，之後若要生成 Midjourney 提示詞，就在這個對話中使用，如此一來，生成器就會被訓練得愈來愈好用。

2. **輸入訓練資料**：將下面的文字輸入 ChatGPT，你可以在本書範例檔案的 Ch03.docx 找到這段文字，直接複製過來貼上即可，主要重點如下，因為 ChatGPT 對於英文的理解優於中文，所以此處是使用英文：

❶ 告訴 ChatGPT 什麼是 Midjourney，這是一個生成式 AI 程式，可以根據自然語言描述（稱為「Prompt」提示詞）生成圖片。

❷ 告訴 ChatGPT 有關提示詞的長度、文法、應該考慮的細節（主題、媒介、環境、光線、顏色、情緒、構圖等），這些文字取自 Midjourney 官方文件的使用者指南，我們在第 2-9 頁有說明過。

❸ 告訴 ChatGPT 它將扮演 Midjourney 提示詞生成器，任務是根據我所提供的 Concept（概念）生成 50 個字以內的英文提示詞並附上繁體中文翻譯，如果明白了，就等待我輸入 Concept。

Midjourney is a generative AI program. It generates images based on natural language descriptions, called "Prompt". ❶

Prompt Length

Prompts can be very simple. Single words (or even an emoji!) will produce an image. Very short prompts will rely heavily on Midjourney's default style, so a more descriptive prompt is better for a unique look. However, super-long prompts aren't always better. Concentrate on the main concepts you want to create.

Prompt Grammar

The Midjourney Bot does not understand grammar, sentence structure, or words like humans. Word choice also matters. More specific synonyms work better in many circumstances. Instead of big, try gigantic, enormous, or immense. Remove words when possible. Fewer words mean each word has a more powerful influence. Use commas, brackets, and hyphens to help organize your thoughts, but know the Midjourney Bot will not reliably interpret them. ❷

Prompt must includes the following details:

Subject: person, animal, character, location, object, etc.
Medium: photo, painting, illustration, sculpture, doodle, tapestry, etc.
Environment: indoors, outdoors, on the moon, in Narnia, underwater, etc.
Lighting: soft, ambient, overcast, neon, studio lights, etc
Color: vibrant, muted, bright, monochromatic, colorful, black and white, pastel, etc.
Mood: Sedate, calm, raucous, energetic, etc.
Composition: Portrait, headshot, closeup, birds-eye view, etc.

You will now act as a prompt generator for Midjourney. Your task is to generate an English prompt for the "Concept" I provide, and provide its corresponding translation in Traditional Chinese. The prompt should be written as a paragraph of no more than 50 words. ❸

If you understand, please wait for me to input the "Concept".

3. **輸入 Concept**：在 ChatGPT 輸入圖片的主題或概念，中英文都可以，例如輸入「**Concept: 一個小男孩與外星人相遇**」，就會得到如下的結果，裡面有英文提示詞和中文翻譯。

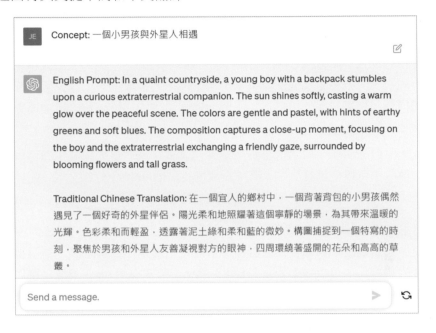

4. **生圖**：將英文提示詞複製下來讓 Midjourney 生圖，結果如下，生出了揹著背包的小男孩、外星人、柔和的陽光、寧靜的場景、盛開的花朵與高高的草叢。

TIP

> 由於 ChatGPT 每次給的提示詞不一定會相同，所以你得到的結果通常和書上的範例不同，如果你不喜歡 ChatGPT 給的提示詞，可以重複提問，讓它多生成幾個版本。

　你也可以在 ChatGPT 生成提示詞後，直接叫它修改，例如「把提示詞改短一點」、「把場景換成沙漠」、「減少抽象的詞彙」、「減少情緒或氛圍的描述，增加構圖的描述」、「增加插圖風格的描述」、「增加攝影技巧與視角的描述」等。

　此外，ChatGPT 生成的提示詞可能會包含贅字或空泛的詞彙，你可以自己修改，也可以使用第 2-1-4 節所介紹的 /shorten 指令分析文本，刪掉沒有作用的詞彙，讓提示詞專注於核心的概念。

> 有些人可能會把 Midjourney 的參數規則輸入到 ChatGPT，而我們沒有這麼做的原因是參數通常需要看實際情況靈活運用。舉例來說，若要指定圖片的長寬比，可以加上 --ar < 長 >:< 寬 >；若要換用 niji 5 模型，可以加上 --niji 5；若希望降低某個元素在圖片中的比例，可以加上 --no < 元素 >，更多的參數可以參閱第 2-2 節。

> 網路上有很多關於提示詞或繪圖風格的網站，下面是一些例子，找時間瀏覽觀摩一下，可以提升自己的功力。

- Midjourney Community Showcase (https://www.midjourney.com/showcase/recent/)：有很多圖片和提示詞可供參考。

- PromptHero (https://prompthero.com/midjourney-prompts)：有很多圖片和提示詞可供參考。

- Midlibrary (https://www.midlibrary.io/)：有很多類別的風格提示詞可供參考。

- Midjourney Prompt Generator (https://www.howtoleverageai.com/midjourney-prompt-generator)：Midjourney 提示詞生成器，只要輸入圖片的主題或概念，例如「a dog」、「a boy」等，就會自動生成 10 個提示詞可供參考。

3-3 應用實例──小王子繪本電子書

讀過《小王子》之後，小王子就會一直留存在我們每個人的心中，小王子純真的形象，良善的心地，小王子的故事，小王子的名言，就會永留心中，而且只要你有心，小王子也願意隨時陪伴著你，陪你一起數著天上的繁星點點。

有個心願，好想把「小王子」編成自己的繪本，帶在身邊，隨時打開手機來回味一下，提醒自我，莫忘初心，那有多好啊！現在隨著 AI 時代的來臨，我們就一起來完成美夢，限於篇幅我們就以四頁來做範例，你可以自己添加，甚至自行創新一個故事腳本也都是可以的！

這裡，我們有兩個步驟來成就這個美夢，而且不用燒腦喔：

◈ 第一步：請 ChatGPT 來為我們完成《小王子》的腳本。

◈ 第二步：請 Midjourney 根據腳本來生成符合情節的《小王子》圖片。

然後你就可以藉著手邊的編輯程式，例如 Word、Canva…來完成一本繪本喔！實現美夢，有了 Midjourney 之後，就不再是個夢想！

3-3-1 使用 ChatGPT 撰寫腳本並翻成英文

我們當然約略知曉《小王子》的情節，但是細節早已遺忘，沒關係，不用再從書櫃找出《小王子》，我們就請 ChatGPT 來幫忙複習一下。

首先，我們懇切地問：「請問小王子的故事內容為何？」，得到這樣的答案：

《小王子》是法國作家聖埃克蘇佩里創作的一部童話小說，講述了一個來自另一個星球的小王子與地球人的交往與成長的故事。

故事中，小王子住在一顆叫做「B612」的小行星上，他有一朵玫瑰花是他非常喜歡的。但是，小王子感到孤獨，因此他離開了自己的星球，開始了一段漫長的旅程。他先後訪問了六個行星，每個行星上都住著不同的奇怪人物。其中，最讓小王子印象深刻的是一隻狐狸，它教會了小王子什麼是真正的友誼。

最終，小王子來到了地球，他在這裡遇到了一位飛行員。他們之間建立了深厚的友誼，小王子也逐漸明白了人類的許多行為和想法。然而，最終小王子決定回到自己的星球，因為他知道他的玫瑰需要他的照顧。在他離開地球的時候，他告訴飛行員：「你知道，當人們喜歡上一個人的時候，他就會變得跟他的星球一樣。如果那個人來自善良的星球，他就會變得善良；如果那個人來自邪惡的星球，他就會變得邪惡。」

《小王子》這個故事充滿了哲理和深度，被廣泛認為是一部經典的童話小說。

經過了這樣的回答，以往的記憶又浮上心頭，如果覺得還不滿意，可以對 ChatGPT 說：「請你把小王子的故事再說詳細一點」，甚至「請你說小王子與狐狸的故事」，「請你說小王子與飛行員的故事」…。

這樣我們就能很快了解小王子的故事梗概，心裡有了譜，就可以進行下一步。

我們預計把故事分成四段，請 ChatGPT 來寫出四段腳本：

JE

請用四段來述說小王子的故事，每段文字 50 字以內，謝謝！

第一段：小王子與玫瑰花

第二段：小王子與狐狸

第三段：小王子與飛行員

第四段：小王子返回自己的星球

很快地就會得到這樣的答案，完全符合需求。

段落 1：小王子與玫瑰花

小王子居住在 B612 小行星上，有一朵他非常喜愛的特別玫瑰。他不斷地給她澆水、除草和施肥以保護她，並與她共度許多美好時光。然而，小王子的好奇心和冒險慾望使他離開了自己的星球，開始了一段漫長的旅程。

段落 2：小王子和狐狸

在他的旅程中，小王子遇到了一隻狐狸，他們建立了深厚的友誼。狐狸告訴小王子，如果他想把狐狸當作朋友，就需要投入時間和精力建立關係。最後，小王子意識到狐狸對他來說非常重要，並承諾要回來看望他。

段落 3：小王子和飛行員

在旅途中，小王子遇到了一位飛行員。他們成為了好朋友，小王子向飛行員分享了自己的故事和想法。飛行員修好了小王子的飛機，讓他可以繼續前往下一個目的地。他們一起度過了幾個晚上，交流了他們對生活和愛情的看法。

段落 4：小王子返回他的星球

最後，小王子決定返回自己的星球，與他所愛的玫瑰重聚。他向飛行員道別，留下了許多回憶和反思。儘管小王子離開了飛行員，但他帶來的智慧和靈感仍在飛行員的心中發芽。飛行員更加珍惜生活中的每一刻，並感激小王子帶給他的寶貴經歷。

ChatGPT 效率真高，而且很樂意為我們服務，但是我們總要先核對一下故事情節是否滿意，自己可以動手修刪或增補，然後請他「幫我們翻成英文」。

很快的這四段腳本就轉譯為英文：

Paragraph 1: The Little Prince and the Rose

The Little Prince lived on the B612 asteroid and had a special rose that he loved. He constantly watered, weeded, and fertilized her to protect her, and shared many wonderful moments with her. However, the Little Prince's curiosity and desire for adventure led him to leave his planet, beginning a long journey.

Paragraph 2: The Little Prince and the Fox

During his journey, the Little Prince met a fox and they established a deep friendship. The fox told the Little Prince that if he wanted to make the fox his friend, he needed to invest time and effort in building a relationship. Eventually, the Little Prince realized that the fox was very important to him and promised to come back to see him.

Paragraph 3: The Little Prince and the Aviator

During his journey, the Little Prince met an aviator. They became good friends and the Little Prince shared his story and thoughts with the aviator. The aviator repaired the Little Prince's plane, allowing him to continue to his next destination. They spent several nights together and exchanged their views on life and love.

Paragraph 4: The Little Prince Returns to His Planet

Eventually, the Little Prince decided to return to his planet and be reunited with the rose he loved. He said goodbye to the aviator, leaving behind many memories and reflections. Although the Little Prince left the aviator, the wisdom and inspiration he brought still germinated in the aviator's heart. The aviator valued every moment in his life even more and was grateful for the precious experience the Little Prince brought him.

有了英文腳本,接下來,我們就要以充滿期待的心情,請 Midjourney 來生成夢寐以求的《小王子》圖片囉!

3-3-2　將英文腳本分段生成圖片

我們把 ChatGPT 生成的英文分段直接帶入 Midjourney 來生成圖片，在每一段我們選用滿意的一張。首先是第一段，然後是第二段，得到以下圖片。

同樣的方式，分別把第三段和第四段英文帶入 Midjourney，然後選用滿意的圖片。

真是好驚喜，沒想到自己可以很快地完成一本四頁的繪本，完成夢寐以求也栩栩如生的插畫！

3-3-3　將圖片搭配相關文字來編成繪本或電子書

我們可以將生成的文字與圖片來編成繪本或電子書。以電子書為例，我們使用 Canva 來製成封面、封底與內文，形成六頁的電子書。

一、小王子與玫瑰花

小王子居住在B612小行星上，有一朵他非常喜愛的特別玫瑰。
他不斷地給她澆水、除草和施肥以保護她，並與她共度許多美好時光。
然而，小王子的好奇心和冒險慾望使他離開了自己的星球，開始了一段漫長的旅程。

二、小王子和狐狸

在他的旅程中，小王子遇到了一隻狐狸，他們建立了深厚的友誼。
狐狸告訴小王子，如果他想把狐狸當作朋友，就需要投入時間和精力建立關係。
最後，小王子意識到狐狸對他來說非常重要，並承諾要回來看望他。

三、小王子和飛行員

在旅途中，小王子遇到了一位飛行員。他們成為了好朋友，小王子向飛行員分享了自己的故事和想法。飛行員修好了小王子的飛機，讓他可以繼續前往下一個目的地。
他們一起度過了幾個晚上，交流了他們對生活和愛情的看法。

四、小王子返的星球

最後，小王子決定返回自己的星球，與他所愛的玫瑰重聚。他向飛行員道別，留下了許多回憶和反思。
儘管小王子離開了飛行員，但他帶來的智慧和靈感仍在飛行員的心中發芽。飛行員更加珍惜生活中的每一刻，並感激小王子帶給他的寶貴經歷。

這是使用 Canva 製作電子書封面、封底與內頁的編輯畫面 (Canva 網站 https://www.canva.com/)。

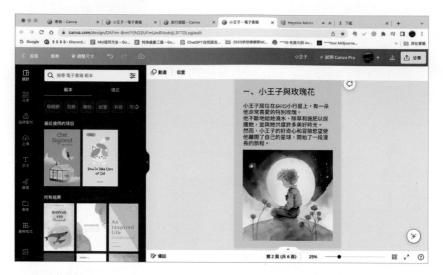

這是使用 Canva 製作完成之後，直接進入 Heyzin 來完成電子書的製作，每人可以免費製作五本電子書 (Heyzin 網站 https://heyzine.com/)。

註 有關使用 Canva 與 Heyzin 編製電子書的方法，詳閱《用 Canva 設計超快超質感》乙書 (碁峰資訊出版，文淵閣工作室編著)。

3-3-4　生成不一樣風格的小王子

Midjourney 之所以受到設計界的喜愛，主因之一是生成的圖片具有藝術風格，圖片很有創意甚至不可捉模得讓人又驚又喜。

應該是小王子的形象世界有名，所以我們可以順利地生成具有連貫性的圖片。如果你要製作《龜兔賽跑》，就可能需要費一番功夫了！如果想要具有不同風格的小王子，就非得請出很會搞怪的藝術家不可，例如畢卡索或達利。要如何請出藝術家呢？以畢卡索 (Picasso) 為例，我們只要在提示詞前面加上「**Style Picasso**」或「**imagine by Picasso**」，再分別貼上某一段的英文腳本即可，生成的圖片如下。

如果使用 16:9 的比例，可能生成這樣具有畢卡索風格的圖片。

同樣的方式請出達利 (Dali)，則可能生成這樣具有達利風格的圖片。

註　畢卡索 (Picasso) 介紹：https://www.midlibrary.io/styles/pablo-picasso。

　　達利 (Dali) 介紹：https://www.midlibrary.io/styles/salvador-dali。

3-3-5 日本動畫大師宮崎駿和新海誠筆下的小王子

有可能請日本的動畫大神宮崎駿 (Miyazaki Hayao) 和新海誠 (Shinkai Makoto) 來畫小王子嗎？以往是個夢想，現在有了 Midjourney 來圓夢當然沒問題！製作方法與上一節相同，只要更改畫家名稱就好。

製作《龍貓》等多部經典動畫的導演宮崎駿，作品充滿豐富的想像力，融合了奇幻和現實，溫暖與細緻，不論小王子獨自在星球上思考，與小狐狸或飛行員的互動，或是返回星球的畫面，都令人感受到日式畫面挺高的視覺熟悉度。看到自己產生的畫面，心裡覺得好幸福！

新海誠 (Shinkai Makoto) 是日本動畫導演、編劇和製作人,以《你的名字》、《天氣之子》和《鈴芽之旅》等作品而聞名。他的作品風格獨特,深受觀眾喜愛。作品的風格以青春愛情故事為主題,注重情感的表達和角色之間的交流,並在其中融入超自然元素。

新海誠的作品以獨特的畫風將小王子與超自然元素完美結合,呈現出一個細膩感人的青春世界,深深觸動我們的心靈。

註 宮崎駿 (Miyazaki Hayao) 介紹:(https://www.midlibrary.io/styles/hayao-miyazaki。
　　新海誠 (Shinkai Makoto) 介紹:https://www.midlibrary.io/styles/makoto-shinkai。

3-3-6　小王子名言的圖像化

小王子之所以令人永生難忘，原因之一是在這小小的一本書中留下了不少雋永的名言，令人沉吟一生，例如：

1. 只有用心才能看清一切，真正重要的東西用眼睛是看不見的。

2. 把心愛的人放在心裡，他便永遠活在你的心中。

看來這二句是比較抽象的概念，Midjourney 有可能會生成圖片嗎？

首先，我們請 ChatGPT 來把第一句翻成英文：「Only with the heart can one see clearly. What is truly essential is invisible to the eyes.」，然後請出荷蘭大畫家維梅爾 (Johannes-Vermee) 來詮釋這一句：

imagine by Johannes-Vermee , Only with the heart can one see clearly. What is truly essential is invisible to the eyes. Generated image is text-free.

天啊！維梅爾居然生成這麼有藝術風格的作品！

我們繼續請出英國版畫家帕特里克·考菲爾德 (Patrick-Caulfield) 以他獨有的
簡潔風格，和香港攝影大師何藩 (Fan Ho) 來詮釋小王子名言。生成圖片的方
法與上一頁的維梅爾相同，只是更改最前面的畫家名稱。

左上圖為考菲爾德的版畫，畫風與色調都很清爽宜人，一枝小紅花插在紅色的
花瓶內·擺放在淺藍的桌面上，窗外藍色夜幕襯托著一輪皎潔明月，如此靜謐
的世界，讓我們心情寧靜，好像藝術家在叫我們要用心看啊，只有用心才能看
清一切。

右上圖為何藩的攝影風格的作品，以剪影的方式突出人物與風景，並釀造出四
周的靜寂無聲，也是一樣會讓人心情靜謐下來，用心思索，思索著那用眼睛看
到而疏忽的一切。

 TIP

> 帕特里克·考菲爾德 (Patrick-Caulfield) 介紹：https://www.midlibrary.io/
> styles/patrick-caulfield。

> 何藩 (Fan Ho) 介紹：https://www.midlibrary.io/styles/fan-ho。

接下來我們進行《小王子》的第二句名言的翻譯：

把心愛的人放在心裡，他便永遠活在你的心中。

When you meet someone irreplaceable, please spend your entire life and effort to love them.

和第一句話一樣，我們還是請出英國版畫家帕特里克·考菲爾德 (Patrick-Caulfield) 以他獨有的簡潔風格，和香港攝影大師何藩 (Fan Ho) 來詮釋小王子名言，生成圖片的提示詞與第一句相同。

左上圖為考菲爾德的版畫，藍紅色調下，簡潔的佈局，一對有情人在咖啡座的角落裡似有說不完的情話，有情人終成眷屬，真愛一生。真是「把心愛的人放在心裡，他便永遠活在你的心中。」詮釋得好妙啊！

右上圖為港口小船停泊處，海鷗飛處，二條小船撮合了有緣人在此時此地相遇，此時無聲勝有聲，緣份天注定，多美妙的境界啊！

總之，藝術運用之妙存乎一心，藉著 Midjourney 的奇妙本能，讓我們內在的藝術素養可以因此而提升，不再只注意到科幻瑰麗的表面璀璨。

MEMO

Midjourney 初體驗
的美麗與喜悅

懷著又驚又喜的心情踏入 Midjourney 的藝術殿堂，實現許久以來
人們想接近藝術的渴盼心境，以往那條看似遙不可及的藝術之道，
如今拜 AI 繪圖迅速開展之賜，讓人們化繁為簡，一句話，幾個提
示詞，就好樣咒術師的咒語一般，喃喃有詞之後，讓心中那幅作品
立即橫空出世，那一剎那，真的是好不敬佩自己那被深深埋沒的藝
術天份。當然，其實是拜 Midjourney 之賜。

在這裡，不只分享生成圖片的提示詞，也將重點擺在深藏在背後的
藝術動機與使用時的困頓挫折與苦惱，讓你避免不少奮鬥與深陷泥
沼的徬徨無助，了解之後，就會更容易來理解或套用來生成你自己
所需要的圖片！在本書，我們不只給你魚，還給你釣魚的技術！

事非經過不知難，只要有信心，自然可以駕輕就熟來掌握
Midjourney 浩瀚無垠的生圖技能與創意無限的藝術天地！

大家一起加油！

4-1 Mid + journey 的意涵與風格之誕生

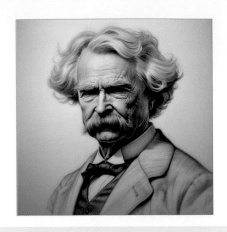

「想出新辦法的人在他的辦法沒有成功以前，人們總說他是異想天開。」
——美國作家馬克‧吐溫（Mark Twain）

AI 的發展，追本溯源最早的重要人工智慧藝術系統之一是 AARON，由英國出生的計算機科學家與畫家哈羅德‧科恩（Harold Cohen），被譽為 AARON的創建者，於 1960 年代末開始開發。那時人們不免以為是異想天開，就像當初看到孫悟空的觔斗雲般的天方夜譚，如今 AI 已有突破性的快速發展，從 ChatGPT 開始問世，才驚醒了普世人們，因為沒有嚇人的使用門檻，只要開口就有需要的答案呈現的方便性，人們一夕數驚，再加上 AI 繪圖的推波助瀾，再也難於忽視這波 AI 浪潮。

這一節先說明了 Mid 與 journey 分開與組合的意義，再說到風格之誕生。走筆至此，突然想起《封神演義》托塔天王李靖的第三個兒子哪吒，喜好打抱不平，殺了東海龍王三太子，激怒了龍王，後來哪吒剖腹剔骨，重新脫胎換骨，成為蓮花化身的哪吒。Midjourney 生圖的過程也是把原圖透過添加雜訊慢慢破壞數據結構，然後再利用篩選、降噪與隨機採樣等技術，獲得一張全新的圖，有點像是「蓮花化身」，真巧的古今呼應！

4-1-1　開宗明義：Midjourney 究竟是什麼意涵？

我們現在當然都知道 Midjourney 是什麼，一份威力無比的ＡＩ圖像生成利器。

維基百科說：「Midjourney 是一個由同名研究實驗室開發的人工智慧程式，可根據文字生成圖像，於 2022 年 7 月 12 日進入公開測試階段，使用者可透過 Discord 的機器人指令進行操作。該研究實驗室由 Leap Motion 的創辦人大衛·霍爾茲負責領導。」

但是我們可能不太了解 "Midjourney" 這個單字的原始意義，於是請教了免費的老師 ChatGPT，但因為他的資料庫截至 2021 年 9 月（缺點變優點？）。

"Midjourney" 是一個英文詞彙，意思是「旅程的中途」。它由 "mid"（中間）和 "journey"（旅程）兩個詞組成，表示旅程進行中的一個階段或點。例如，你可以說「我們現在處於旅程的 midjourney，還有一半的路程要走」。這個詞在日常口語中並不常見，更多地出現在文學、詩歌或特定領域的描述中。

聽明白了？只是為什麼這個 AI Midjourney 會叫做「旅程的中途」？

首先以傳統的「旅程的中途」來理解 Midjourney，旅人要出國旅遊就必須搭乘飛機，這個「交通工具」就可以說是 Midjourney 的概念。它只是中途的介質，可以說是協助你讓咒語成真的魔術工具盒。一如大法師的十字架，大法師的唸咒，透過十字架這個轉接器讓咒語產生神力驅除魔鬼。

Midjourney 的作用也可以解釋為「中途轉運站」，旅客必須來這裡休息轉運，主要是轉機，以抵達預定目的地。

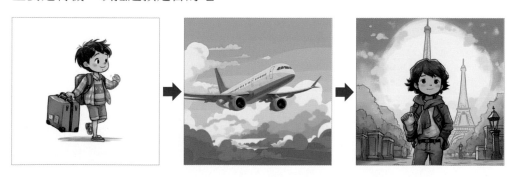

再說到我們手中的現代 Midjourney，必須輸入一連串的咒語（文字描述（Prompt Text）提示詞（例如下示的咒語：「神奇的 Midjourney 魔法冒險編年史，無與倫比的 Midjourney 圖像生成魔法書，配有《小王子》的插圖，沒有文字。」

/imagine prompt The Enchanting Chronicles of Midjourney , The Unparalleled Picture-Generating Magic Book of Midjourney::2. Illustrated with The Little Prince ::0.5 no text

至於 Midjourney 的「風格 style」，則可以將一個普通名詞轉化為一個你指定的藝術風格。「風格 style」對於生成圖案的影響很大且快速，風格本身包含好幾類元素，例如繪畫筆觸、美學風格、燈光 …. 等。舉例「花卉天堂世界 floral paradise world」，你不用加上任何形容的句子，只要選定風格，例如「by Katsushika（日本浮世繪大師葛飾北齋）」，就可以生成美輪美奐的佳作。

/imagine prompt floral paradise world by Katsushika Hokusai

❶ 左圖是不加任何風格所生成的圖片。

❷ 右圖是 by Katsushika（日本浮世繪大師葛飾北齋）

4-1-2　風格（Style）的誕生

Midjourney 有一個風格網站，介紹 **11 個最受歡迎的風格（11 Most Popular Styles by Country）**，這是分析了來自 11 個國家 / 地區的訪問者數據後，呈現了最流行的藝術風格和相關流派，它們在每個國家中都排名第一！我們就來測試幾種藝術風格來理解風格 Style 的威力。活用這些風格，那你在生成圖片時事半而功倍！

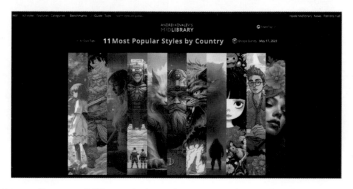

https://www.midlibrary.io/tops/most-popular-styles-by-country

以「花卉天堂世界 floral paradise world」為提示詞，觀察採用不同風格的結果。

劉展灝（Artgerm）是新加坡華裔畫師，出生於香港，世界頂級概念設計師、插畫師，為 DC 和漫威等美國漫畫公司畫封面。你看！畫出來的美女與鮮花垂涎可滴。

/imagine prompt　floral paradise world by ARTGERM

莎拉‧安徒生（Sarah Andersen）是美國漫畫家，出版兩部原創漫畫集。以古拙樸質的單色筆觸生成的「花卉天堂世界」，真像是童話世界的樸素無敵。

/imagine prompt　floral paradise world by SARAH ANDERSEN

克里斯托弗‧巴拉斯卡斯（CHRISTOPHER BALASKAS）是擁有出版、遊戲和電影經驗的概念藝術家和插畫家。由前衛藝術家生成的「花卉天堂世界」，空幻前衛的迷離藝術感，如下圖所示。

/imagine prompt　floral paradise world by CHRISTOPHER BALASKAS

這些風格巨匠就像是我們難得向他們訂製畫作的大師，現在可以幫我們繪畫了，感覺更加彌足珍貴！進擊的巨人（ATTACK ON TITAN），轟動的日本動漫，故事主要是在描述在一個悠長的歷史之中，人類曾一度因被巨人捕食而崩潰的熱血漫畫。筆下具有濃厚的色調與豐富的人物表情與動作，個人風格明顯突出。

/imagine prompt floral paradise world by ATTACK ON TITAN

魔法禁書目錄（A Certain Magical Index）是繪製插畫的日本輕小說及其衍生系列，畫風細膩，筆觸與色調都輕柔，日式青春漫畫風格。

/imagine prompt floral paradise world by A CERTAIN MAGICAL INDEX

尼爾‧亞當斯（Neal Adams）創作出《蝙蝠俠》,《超人》、《復仇者聯盟》、《X戰警》等，經典英雄漫畫人物的美國漫畫家。華麗而色調濃烈的美式風格。

/imagine prompt floral paradise world by Neal Adams

艾莉森‧貝克德爾 (Alison Bechdel) 美國漫畫家，連載《小心拉子！》(Dykes to Watch Out For) 系列漫畫，記錄了女同志社群的日常生活。作品細膩，筆觸柔和。

/imagine prompt floral paradise world by ALISON BECHDEL

由同一個提示詞「花卉天堂世界 floral paradise world」因為藝術家風格的不同，所生成的圖片風格竟有如此差異，可以因為自己喜愛或事實需要而適當選用！

4-2　圖片生成動機啟示錄

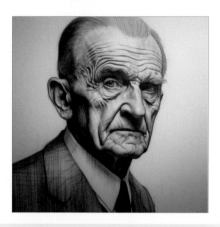

> 「通往成功的道路，就是把失敗的次數增加一倍。」
> ——國際商業機器公司 IBM 創始人湯瑪斯‧華生（Thomas J. Watson）

湯瑪斯‧華生這句名言真是深得吾心，因為在使用 Midjourney 過程中總不免會充滿奮鬥的歷程，每一張擺在本章中的圖片其實是經歷了許多次的失敗轉折與改良才得到一張覺得可用的圖片，當然經驗愈豐富，失敗的次數倍增，才能逐漸領會生圖的要領。

沒有人天生就可以每次都是一次就能生成滿意的圖片，有點像是買彩券一般，能一買就中獎的幸運福星絕不會很多，由於 Midjourney 必須付費，因此對於習慣使用中文的人們，難免有點「投鼠忌器」，生怕為了產生一張圖片就耗掉很多資源，這也是必須要花多一點心力來學會與體會撰寫生圖提示詞要訣的原因。

本節從一則生圖契機的心境轉折開始，與如何和 ChatGPT 合作的訣竅，逐步引領大家一步步地學會生圖的技巧，請大家一面學習一面領會與想出改良意見，這樣，必能很快進入 Midjourney 的藝術殿堂！

4-2-1 圖像生成的動機：從機器人大軍到快樂天堂

以往是用筆（或 FB 或 IG）寫日記，現在則可以用 Midjourney 畫心情，且讓我來說給你聽，畫給你看！這樣你自己就可以用繪畫寫心情囉！

有一天因為聽到一則新聞：「十年之後的戰場，機器人可以正式投入。」覺得有點沮喪，因為這樣的進步不是為全人類的福祉，而是讓政治野心家發動戰爭更方便更為殘忍。於是我就想知道未來的機器人戰場會是麼樣子，把想法用中文告訴 ChatGPT。然後請 ChatGPT 翻成英文，然後直接帶入 Midjourney 生成圖片。

「如同詹姆斯·卡麥隆導演的阿凡達一般的史詩宏偉場面，描繪出 2500 年未來的機器人部隊，正往前掃蕩敵軍。」

/imagine prompt Depicting an epic and grand scene akin to James Cameron's "Avatar", showcasing a futuristic robot army of the year 2500 advancing and sweeping through enemy forces.

註 epic：史詩。 grand scene：盛大的場景。 akin：相似。 Avatar：阿凡達。 showcasing：展示。 advancing：前進。 sweeping：清掃。

果然生成了我們想看到的畫面，機器人親臨戰場威力十足，簡直是電影場景，想著人類如何和他作戰？

接下來想仔細看看機器人部隊又會是長得如何？我們請宮崎駿的吉卜力工作室（studio ghibli）來幫我們繪製：「2500 戰爭機器人系列，手拿各式未來武器，置於白色背景上！」

/imagine prompt studio ghibli style , 2500 War Robot Series, holding various futuristic weapons, placed on a white background! , anime style --ar 16:9

接下來要將「這幅畫採用了漫畫藝術和線條藝術的混合風格，搭配著暗自然的色彩，呈現出一個宏偉而壯麗的場景。採用日本動漫的風格 anime。

/imagine prompt studio Ghibli style , Blending comic book art and lineart in dark natural colors, this vibrant color artwork portrays an epic and grand scene reminiscent of James Cameron's "Avatar." It depicts a futuristic robot army of the year 2500, sweeping forward and decimating enemy forces , anime style --ar 16:9

上面的吉卜力的畫風覺得可愛，所以改成這種暗黑畫風，更加強調人類面臨機器人的末日浩劫遭受迫害的臨場感。（右圖）

看了這幾幅機械人的戰鬥場景，心情反而更加陰霾更加鬱卒，突然在黑雲中閃著一道光芒，原來遠方傳來「快樂天堂」的歌聲，需要生成一幅畫來表現這場景。

「吉普力工作室風格，這是一幅充滿喜悅的場景描述，在這個世界上，終於實現了和平，人類和諧共處。各種動物和鳥類也加入了慶祝活動。畫面背景為白色。」

/imagine prompt studio ghibli style , A description of a joyful scene where the world has finally achieved peace , and humans live in harmony with one another . Various animals and birds also join the celebration . placed on a white background , anime style --ar 16:9

註 achieved：達到。　harmony：和諧。

彷彿在欣賞宮崎駿的卡通影片，世界如此良善祥和，心想這才是人類進化論應該要走的正確方向啊！

原本沮喪的心情，經過吉卜力工作室快樂美好的畫面，心情終於恢復了平靜，也想哼哼「快樂天堂」這首歌。《快樂天堂》是 1986 年由滾石唱片動員旗下所有歌手共同錄唱，由陳復明作曲、呂學海作詞。這首正能量的歌曲我們可以在 Google 找到歌詞並將歌詞精簡之後，請 ChatGPT 翻成英文，然後帶入 Midjourney 生成圖片。

/imagine prompt　Happy Paradise The elephant raises its long trunk high The whole world holds up hope The peacock spins in a magnificent display No one should be forever disheartened The hippo opens its mouth and swallows the water grass All worries fit inside its large belly The eagle leads us in flight Higher, farther, and in need of dreams Let me tell you about a mysterious place A joyful paradise for children Busy and bustling like the human world With cries and laughter, and of course, sadness We all share the same sunshine.

生成的世外桃源圖片真的美好無比，讓我們充滿愉悅的感覺，轉換心情之後，又可以繼續往人生的道路充滿信心地向前行，感謝 Midjourney 這種「轉換心情」的莫大功德！親愛的朋友，你快樂嗎？祝福你！一切因有了 Midjourney 迎刃而解！

4-3 料理與下午茶甜點的生圖

> 「對於一個藝術家來說，如果能夠打破常規，完全自由進行創作，其成績往往會是驚人的。」
>
> ——卓別林（Charlie Chaplin）

喜劇演員卓別林因為這句座右銘，使得他的演藝事業登峰造極。

西班牙鬥牛場中的鬥牛表演，不同鬥牛的出場都沒有一定的規則，所以鬥牛士必須臨場機靈，隨機應變，才能夠致勝。Midjourney 就像是那頭鬥牛，即使同一個提示詞，每次生成的圖形也都十分具有藝術性格，讓人捉摸不定。

本節由各式料理與甜點的生圖，也搭配一些背景的處理方式，在美好的氛圍中享受生圖的樂趣與技巧，同時也告訴我們「人心不足蛇吞象」或台灣諺語「想貪鑽雞籠」的啟示，數大不一定是美！提示詞要能精準最為重要。

民以食為天，學會了料理與甜點的生圖，希望大家能夠「以此類推」應用到你個人的事業或興趣所在喔！

4-3-1　都是日本料理惹的禍

「人心不足蛇吞象」，用來形容想生成這張「日本料理」圖片的心理非常貼切，因為首先請 ChatGPT 幫忙「日本懷石料理介紹」，果然不負所託，洋洋灑灑一大堆日本懷石料理的內容，我就把精華內容通通搜集進來，還加上情境氛圍，心想一定精彩無比。採用由上方往下「俯視」的角度，可以看到完整的菜色，不信你看：

「傳統的日本懷石料理包括各種元素，包括海鮮、和牛、蔬菜、海藻、米飯和麵條、醃漬蔬菜、味噌湯、綠茶等等。這道菜以一個美麗而優雅的日本餐廳為背景，從俯視的角度捕捉。它美味可口，散發著閃爍的光芒。背景營造出日本餐廳的高雅氛圍，服務人員身穿傳統的和服。」

/imagine prompt　Traditional Japanese kaiseki cuisine features a variety of elements, including seafood, Japanese Wagyu beef, vegetables, seaweed, rice and noodles, pickled vegetables, miso soup, green tea, and more. The dish is presented in a beautiful and elegant Japanese restaurant setting, captured from a top-down perspective. It is delicious and radiates a shimmering glow. The background evokes the refined atmosphere of a Japanese dining establishment, with servers dressed in traditional kimono.

生成滿滿一桌的圖片，可以大快朵頤，問題是氛圍呢？這不是「吃到飽」呢？！

因為生成的日式料理太過豐盛，所以就要逐漸縮減菜色（自己可以試試看），雖是好了一些，但仍然希望能有一份很合味的日式料理海報。

於是乾脆更換簡潔的日式情景，引人"遐思"的氛圍，這樣應該會是「重質不重量」了吧！這樣的想像著情景，再請 ChatGPT 轉譯為英文來生圖。

「一位身穿和服的美麗日本女孩雙手捧著日本料理的盤子，優雅地跪了下來把料理端上桌，背景營造出日本餐廳的精緻氛圍。」

/imagine prompt　A beautiful Japanese girl dressed in a kimono , her hands holding a plate of Japanese cuisine , gracefully kneels down and places the dish on the table. The background creates an exquisite atmosphere of a Japanese restaurant .

註 kimono：和服。　cuisine：料理。　gracefully：優雅地。　exquisite：精緻的。

經過這一番"折騰"，終於領略到了凡事不要好大喜功，要能更精準的、踏實的表現重點，而那畫面的氛圍，才是自我藝術修行搭配 Midjourney 的藝術涵養，彼此契合交織，生出最好的表現，我想這也是有緣分深受東方人文藝術修養的我們的福氣。

加油！繼續再來表現幾種飲食方面的好作品吧！

4-3-2　好想來份聖代冰淇淋（ice cream sundae）

吃過聖代冰淇淋，就會終生難忘，尤其是在夏日炎炎正好眠的午後。

經由 ChatGPT 查到以下的資料，描述得蠻好的：

「聖代冰淇淋是一種美味的冰淇淋甜點，它包括多種口味的冰淇淋堆疊在一起，通常搭配巧克力醬、水果、堅果、鮮奶油和其他配料。這道冰淇淋呈現出色彩繽紛的外觀，充滿誘人的甜味。它的構造非常精緻，每一層冰淇淋和配料都被精心堆疊，營造出令人垂涎欲滴的效果。」

今次我們要學會精選材料，搭配理想的口味，再請藝術家來加持！

「冰淇淋聖代，美味可口，閃閃發亮，櫻桃，棉花糖，高度細緻，劉展顏風格。」

/imagine prompt　ice cream sundae, delicious, glistening, cherries, marshmallows, highly detailed, octane render, by ARTGERM

經過 Midjourney 的"調教"，果然學會了事半功倍的要領，把心中的想望與感受能夠細吐情衷，「講重點，不囉唆」，一切搞定！繼續加油喔！

4-3-3　品嚐英式下午茶的那份悠閒

接下來是英式下午茶，經由 ChatGPT 的指引加上自己的經驗寫成提示詞，並採用日本的魔法禁書目錄（A Certain Magical Index）風格來繪製：

「一個傳統的英式下午茶場景。桌子上擺放著一盤司康餅和蛋糕，配上一杯英式花茶和一本書。背景展示了莫內的《睡蓮》畫作。柔和的光線透過窗簾瀰漫而入。」

/imagine prompt　a traditional English afternoon tea , On the table, there is a plate of scones and cakes, accompanied by a cup of English floral tea and a book. The background features Monet's painting of water lilies . A soft ray of light filters through the curtains .

註 scones：司康餅。　accompanied：伴隨。　English floral tea：英式花茶。　features：特徵。
Monet's painting of water lilies：莫內畫作睡蓮。　filters：透過。

氛圍還不錯吧，英式下午茶就是悠閒時光，一本好書，一曲法式香頌，獨自一人或三兩知己，或促膝談心或靜心閱讀，那份優雅人生，令人嚮往，也羨煞多少人啊！

4-3-4　我只想來一份和菓子

只要是哈日族，有誰不想嚐鮮和菓子，天啊！那份美好的滋味，人間的美味，實在無法淺嚐即止，非得吃它三兩個不可，哈哈！失態了！經過了諸多生圖的苦樂經歷，自己瞎掰幾次都不行，只好偷偷上網看看日式圖片，發覺這個挺好 .....

「一個限量版的春季和菓子，以和菓子的形式呈現，放在一個傳統的日本盒子裡。除了美味可口之外，它還散發著閃閃發亮的光芒，高度細緻。透過Octane 渲染技術的增強，背景呈現日本風格，從上方俯瞰。」

/imagine prompt　Limited edition spring wagashi beautifully in the form of wagashi , presented in a traditional Japanese box , excluding deliciousness and shimmering with radiance , highly detailed , enhanced by Octane rendering technology, background is japanese style , Top-Down View

註 wagashi：和果子。　radiance：光芒。　highly detailed：非常詳細。
　　Top-Down View：俯瞰。　Octane：是一種渲染器，它使用 GPU 加速進行高效的圖形渲染。
　　可以創造出逼真、高品質的視覺效果，並在動畫、電影、遊戲和設計領域得到廣泛應用。

就這樣，一幅美好日式風味的和菓子產品就生成了，我的 Midjourney 不是夢！

4-3-5　好久沒吃馬卡龍了！

馬卡龍有著令人難忘的特色：多彩的外觀、脆嫩的外殼、內部柔軟的口感、多樣化的口味、精緻的外觀設計。這些特色使得馬卡龍成為一種迷人的甜點，受到許多人的喜愛和追捧。馬卡龍是由義大利引進法國，因而發揚光大！

綜合以上由 ChatGPT 提供的知識與特色，擬了一則重點提示詞：

「馬卡龍以繽紛多彩的色彩呈現，像彩虹般絢麗，以精緻的陳列方式展示。背景則展示了模糊的羅浮宮景色。」

/imagine prompt　Macarons feature vibrant colors reminiscent of a rainbow, arranged in an exquisite display. The background showcases a blurred view of the Louvre.

註 Macarons：馬卡龍。　vibrant：鮮豔的，多彩的。　reminiscent：活躍，絢爛。
exquisite：精美的。　showcases：陳列。　blurred view：視線模糊。

由上述可見，Midjourney 生成圖片的藝術性，資料庫的豐富，反應的快捷，只能令人讚嘆，比起商業攝影，比起廣告設計真是有過之而無不及啊！

有一個念頭，好想再生成另一組圖片，讓馬卡龍以巴黎鐵塔為背景。

提示詞是：「馬卡龍以迷人的陳列方式展示，色彩絢麗如彩虹般繽紛。背景呈現巴黎的標誌性建築艾菲爾鐵塔。」

/imagine prompt　The macarons are arranged in a captivating display , showcasing colors that resemble a rainbow. The background features the iconic Eiffel Tower in Paris.

馬卡龍就這樣以巴黎鐵塔為背景生成不同場景與構圖的商品照。（如上二圖）

有時候也難免會發生雞同鴨講的事，例如希望打亮生成的圖片，就加上「With bright lighting」意思是在明亮的燈光下呈現主題，但 Midjourney 卻認為是「在明亮的照明下」而以夜景呈現，更妙的是用鐵塔的造型來排列馬卡龍，真是妙不可言！（如右下圖）

4-4　以圖生圖與燈光變換之巧妙

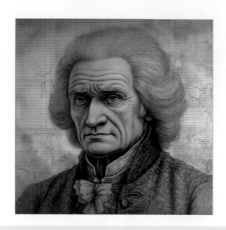

盧梭說：「現實的世界是有限度的，想像的世界是無涯際的。」

——盧梭（Jean Jacques Rousseau）

盧梭是法國的啟蒙思想家、哲學家、教育家、文學家，影響世界的大思想家。

每當使用 Midjourney 以文生圖或以圖生圖的時候，看到短短幾句提示詞，竟能生出如此宇宙洪荒的大圖，腦海中自然就會浮出這一句名言。「吾生也有涯而知也無涯。」如今似可改成：「吾生也有涯，而畫也無涯。」，竟整日埋頭與奔馳在 Midjourney 的世界，如此樂不可支，如此樂而忘憂！真是「生當逢辰」也！現實的世界雖是有限度的，在以往，也只能如此，因為想像的世界是如此遙不可及，如今，要把想像生成藍圖，居然只是轉瞬之間。

「玄之又玄，眾妙之門」。本節由以圖生圖開始，再繼續開啟 AI 燈光的打燈妙門。請勿失之交臂！想像著好像舞台和產品展示台上的燈光，或是畫展場地的燈光佈置，都會影響主角的質感與亮麗程度，讓我們好像魔術師一般來變換燈光，完成一幅幅美好的作品！

4-4-1　以圖生圖的妙趣無窮

每個人都想為自己「造」張相（造是製造、打造），尤其在 AI 繪圖時代來臨的今日。只是要先跟大家說明一下，Midjourney 目前的專長是在「生成圖片」，根據你的提示詞描述，Midjourney 接受你的要求之後，海闊天空任我遨遊，生成四張圖片給你，這是 Midjourney 最得意最快樂的事，至於 "像不像" 好像不是他目前的重點（說的也是，要很像，你就去「P」（Photoshop）一下就好了！）。

所以我們要發揮 Midjourney 的專長，順著他的技能來為自己造像。此次要與你分享的是「以圖生圖」的功能，把下面這位可愛的妹妹（姊姊？）生成一樣（甚至超過）活潑美麗的圖像，這是「造像」而不是「照相」喔！

要先注意的是，以圖生圖的人物照片必須是清晰的，主題人物的輪廓要明顯，最好是明眸皓齒，而且你必須要學會描述你的主角的容顏與穿著，這樣子來生圖，會有較多的勝算！

一般順序是，先描述主要內容，中間可加上氛圍或藝術風格，最後是參數（如 --niji ，--iw... 等等，iw 參數最大值 2，表示提示詞中的圖片對成品的影響愈大，詳閱第 2-3-1 節），我們做這樣的描述：

「可愛的女大學生，白色上衣，微笑亮麗，黑髮細脖子，右耳有個圓形小耳環，活潑清純，日本動漫插畫，iw 最大值 2。」

其次將要生圖的照片上傳，得到圖片位址，放到提示詞的最前面。（相關步驟詳閱第 2-3-1 節）

請 ChatGPT 翻成英文，再加上參數，得到完整的提示詞如下：

/imagine prompt　https://s.mj.run/aHfXxjtlwAU A lovely female college student with a white top , radiating a bright smile , She has black hair and a slender neck , adorned with a white small circular earring on her right ear , She exudes a lively and innocent vibe　, niji　--iw 2

註 radiating：散發。　　slender：苗條，纖細。　　neck：脖子。　　adorned：裝飾的。
exudes：散發。　　lively：活潑。　　innocent：活潑。　　vibe：氛圍。

天啊！清純小可愛全部登場了，可以自己挑選最喜愛的圖片。

接下來可查詢這套圖片的種子參數 seed，做為生成其他類似圖片的起點，使用相同的種子數字和提示詞將會產生更為類似的圖片（詳閱第 2-2-7 節）。

接下來的單元要進行為照片打光 lighting，為了能以打光前後的圖片做比較，所以就要仰賴參數 seed 來幫忙！

4-4-2　Blue hour：藍色時刻光線

有一天突發奇想：「一幅以油畫呈現的美麗年輕女子肖像與鮮花、夜晚的山脈和月亮，散發著如彩虹般燦爛的光芒。」請 ChatGPT 翻譯後帶入：

/imagine prompt　portrait of a beautiful young lady with flowers, night mountains and moon, phantasmal iridescent , by oil paint .

註 phantasmal：奇幻的，幻想的。　　iridescent：色彩斑斕的，彩虹色。

看到如此美妙的圖片，想不想用這樣的風格變化一下剛才的圖像！依上方提示詞並加上 Blue hour（指日落後和入夜前的偏藍調光線），作法如下：

/imagine prompt　https://s.mj.run/aHfXxjtlwAU portrait of a beautiful young lady with flowers, night mountains and moon, phantasmal iridescent , Blue hour , by oil paint --iw 2.0

果然產生更具風格的作品，把照片網址直接套入現成的提示詞內，妙趣無比。

4-4-3 虛化光圈（Bokeh）：將背景模糊化

傳統相機的光圈的值調整愈大，背景愈模糊，Midjourney 透過光圈與打光產生背景模糊化效果。現在有了 AI 打燈的便利，不再需要負擔著一堆燈光器材去佈置現場，或使用單眼相機進行光圈和快門速度的調整，Midjourney 提供了多種方式，讓 AI 來幫助我們實現更好的照片效果！

虛化光圈（Bokeh），就是將背景虛化（模糊化）， 使景深變淺（照片清楚的前後距離減少），在提示詞中加上 Bokeh 即可將焦點聚集在主題上，也可美化圖片的氛圍。

虛化光圈（Bokeh）的另一種功能是，透過背景虛化，背景中的細節和元素會變得不清晰，能夠更加明顯地突出主角。

4-4-4 林布朗光（Rembrandt Lighting）增添氛圍

林布朗光是來自荷蘭畫家林布朗繪畫時的光線處理效
果，主要特點是在人物臉部形成一個菱形的明暗分界
線，嘴巴和下巴的一側用陰影覆蓋，人物的另一側則
被亮光照亮。

林布朗在作畫時會以主體的鼻子當作光與影之間的界
限。透過這種畫法，主體臉部的最遠側會是暗的。
這種畫法會在主體眼睛正下方呈現一個倒三角形的小
亮區，看起來更有立體感更為動人。在提示詞中加上
Rembrandt Lighti 即可為圖片加上林布朗光增添氛圍。

4-4-5　背光（Back Light）增添氛圍

正面光是指光線照射到整個場景，能突顯出拍攝主體的更多細節。背光（Back Light）指光線從主題後方射進來，在提示詞中加上 Back Light 會創造出光與影，但正面的細節會減少，生出另一種氛圍。

4-4-6　戲劇舞台燈光（drama light）增添氛圍

戲劇舞台燈光是運用光色及亮度營造氣氛，突出舞台重點與塑造演出形象，在提示詞中加上 drama light 可為觀眾呈現出更具戲劇的視覺效果。下右圖則集中在主角正面，背景黑暗。

4-4-7　明暗對比光（chiaroscuro）增添氛圍

明暗對比光，原本是指利用顯著的明暗對比來表現圖像，在提示詞中加上
chiaroscuro，還可產生白天變成夜晚的效果！

4-4-8　黃金時段光（Golden hour light）增添氛圍

指日落前和日出後的那一個小時，光線如黃金一般，在提示詞中加上 Golden
hour light 呈弄紅紅橙橙的光線。

4-4-9　明亮的面孔（Bright Face）

當主題人物或商品光線不足時，在提示詞中加上 Bright Face 效果不錯！

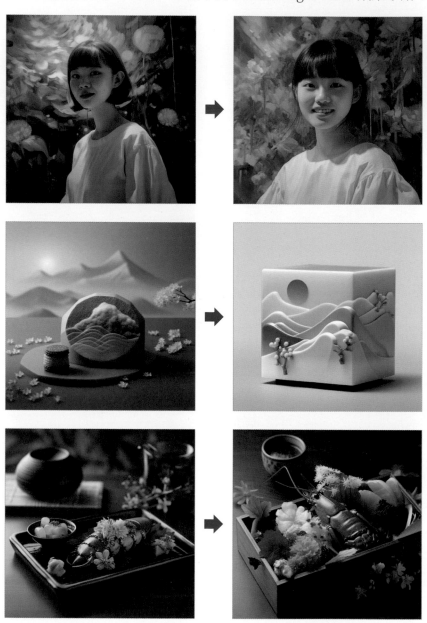

4-5 當多變的未來世界遇上善變的燈光

「人因夢想而偉大。」 ——愛因斯坦（Einstein, Albert）

隨著 AI 時代迅速的來臨，而且會很快隱藏在各個軟體裡面，人們就是想躲也躲不過！所以我們要樂觀面對，與 AI 一起攜手合作，並肩前進！而且要如 AI 教父黃仁勳嘉勉台大畢業生「Run！DON'T Walk！」否則自己會變成被獵物！

本節，Midjourney 讓我們得以馳騁在未來的世界中，想要呈現未來的幻想世界，只要一提示詞，一切搞定！還有什麼比此時此刻更便利，更值得慶幸的年代！

本節搭配著主題：未來科幻世界，也延續與上一節的打光 Lighting，讓機器人與耶穌光，太空人登陸與霓虹光（Neon light），還有賽博龐克光（Cyberpunk light）也來混搭，看看如何搭出未來世界的光影之美！也請復古未來主義 Retrofuturism 和日本設計師 KAZUMASA NAGAI 一起展開科幻之旅，最後還有迷幻藝術 Psychedelic art 和超現實風格 Surreal styles 讓大家開眼界創新圖，邀請大家一起照過來！

4-5-1　未來科幻世界與耶穌光（Crepuscular Ray）

人類因為幻想而為大，當夢想成真，世界又邁進一大步。西遊記孫悟空的觔斗雲演變為現代飛機的誕生，許多科幻電影的場景也在多年後逐步成形，讓人類世界更加多元，如太空漫遊，如飛天汽車，如機器人 ......。

以下這一則完全是憑想像的空間，依稀記得電影的某一幕，就寫了下來：

「機器人的手指觸摸著放置在一側的未來電腦螢幕，發出一道光束！」

有可能生成圖像嗎？ Midjourney 的可愛與可貴之處是不懼怕任何指令，請 ChatGPT 翻成英文，帶進 Midjourney：

/imagine prompt　The robot's fingers touch the screen of the futuristic computer placed on the side, emitting a beam of light!

註 futuristic：未來主義，前衛的。　emitting：發射，射出。　beam：光束。

真的是 "幻象式 "景象，科幻電影如未來戰警，星際大戰才會出現的鏡頭，居然自己就可以來生成，有點 "我的未來不是夢 " 的感覺！

「雲隙光 Crepuscular Ray」或叫曙暮輝（拂曉的曙光與黃昏的光輝），是從雲霧的邊緣射出的光線，照亮空氣中的灰塵而使光芒清晰可見。幾十道光芒在雲層後方或由上而下或由下而上散發出來，相當壯觀彷彿如天神由天而降的背景光，所以叫做「耶穌光」或「上帝的光」也有人叫「佛光普照」。

延續上一個提示詞，在最後加上 Crepuscular Ray 與上一圖像的 seed。

/imagine prompt　The robot and his fingers touch the screen of the futuristic computer placed on the side , emitting a beam of light! Grepuscular Ray --seed 473740314

看吧！由電腦內部向上散發的耶穌光，使得機器人的每一根手指更加清楚閃亮。

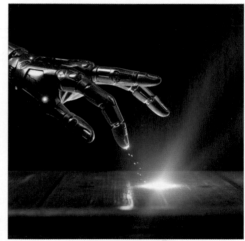

4-5-2　太空人登陸的生成

想像中的太空人漫步在太空，神秘而浪漫，那是一個動人又宏偉的時刻，以簡潔的文具來描述自己的想像世界：

「太空中的宇航員漫步著，手中拿著花朵和綠葉，夜晚高山和月亮矗立著，神秘的彩虹般光彩閃爍。」

/imagine prompt The astronaut strolling in space with flowers and green leaves , night hight mountains and moon , phantasmal iridescent

註 astronaut：太空人，宇航員。　strolling：漫步。　phantasmal：幻想的。
iridescent：彩虹的，色彩斑爛的。

天啊！生成的圖片簡直比電影「2001 太空漫遊」的場景還要宏偉！每一張都精彩無比！

4-5-3　耶穌光（Grepuscular Ray）和霓虹光（Neon light）

同一組提示詞先加上耶穌光（Grepuscular Ray），光束由太空人後方射出，顯得太空世界璀璨無比（下右圖）！

同一組提示詞，另外再加入廣告招牌常用的霓虹光（Neon light），霓虹燈的五顏六色發揮的功效，可以看到不同的廣告舞台效果（下右圖）。

4-5-4　太空美女與賽博龐克（Cyberpunk light）

"Cyberpunk light" 賽博龐克是一種以未來科技、黑暗城市環境和反烏托邦主題為特徵的文化和藝術流派。賽博龐克風格中常會以霓虹燈光、激光和光束，營造出未來主義和科技感的獨特氛圍。

首先我們將第 4-4-2 節生成的圖片帶入太空人登陸的提示詞內，就會得到美女與夢幻月球的合併圖片。

/imagine prompt https://s.mj.run/hLtGMulR2Zg The astronaut with flowers , night mountains and moon , phantasmal iridescent --seed 2380607876 --iw 2.0

在同一組提示詞最後加上賽博龐克（Cyberpunk light），由於未打燈之前已相當亮麗，再打上賽博龐克光之後，可發現燈光和原本花朵的色彩都由原本的暖色系改以冷色調呈現。

4-5-5　復古未來主義（Retrofuturism）

這一小節仍是科幻圖片，不過很簡單，不用費腦筋，只要海闊天空去幻想，沒有技術問題，只要記住一個單字「復古未來主義」（Retrofuturism）就行了！

「復古未來主義 Retrofuturism」是創意藝術中的一種風格，以老式"復古風格"與未來技術的融合為特色，將復古的元素和懷舊風格與科技、科幻和未來主義的元素結合，探索過去與未來之間的主題。舉一個例子：

「未來的城市，魔幻的時代！一位女飛行員站在飛行器旁邊。」請 ChatGPT 翻一下，當然提示詞一開始要加上 復古未來主義（Retrofuturism）：

/imagine prompt　Retrofuturism , The future city , an era of magic and enchantment ! A female pilot stands next to an aircraft.

註　era：時代。　　enchantmen：魅力，魔幻。　　female：女性。　　pilot：飛行員。
aircraft：飛機。

覺得如何？很簡單吧！自己趕緊動手試試看吧！

只要有想像力就行了，沒有想像力就去 Google 或 ChatGPT 問一下總可以的。

註　復古未來主義（Retrofuturism）：https://www.midlibrary.io/styles/retrofuturism

接下來是精彩的星際大戰 Star Wars，要如何自導自演，規劃出大場面？

提示詞寫得愈少，Midjourney 自由發揮想像空間更大！由復古未來主義擔綱。

提示詞就這麼辦吧！「星際戰爭，未來無限寬廣的宇宙銀河。」

/imagine prompt Retrofuturism , Star Wars, a future of limitless vastness in the cosmic galaxy .

註 limitless：無限。　vastness：遼闊。　cosmic：宇宙的。　galaxy：銀河，星系。

如此壯闊瑰麗的場景就出現了，真像是好萊塢的大手筆！如果用相同的提示詞，改成「--ar 16:9」 是不是更遼闊呢？果然沒錯！

「星際戰爭，未來無限寬廣的宇宙銀河。」以永井一政 KAZUMASA NAGAI 風格呈現，分別生成 1:1 和 16:9 的比例圖片。

/imagine prompt Style Kazumasa Nagai, Retrofuturism , Star Wars, a future of limitless vastness in the cosmic galaxy . （ --ar 16:9 ）

接下來，還是以 KAZUMASA NAGAI 和 Retrofuturism 風格聯合呈現。比例 16:9。結果如下，這樣的場景如果要手繪或真正搭出場景，耗資不知要多少呢？想到設計界劇場界或展場佈置的朋友，如能使用 Midjourney 來設計草圖，真是個好辦法喔！

科幻帶給我們視覺的衝擊，科技的創新，科學的普及以及引發文化思考，AI 生圖通常會帶來意外的驚喜，雖然有時仍會感到奇妙莫名的喜歡！

想要融合現代科技與古老自然的風景，在未來的原始森林中加入跑過的豹子 leopard，另外再生成一部汽車 a swift car！

/imagine prompt Retrofuturism , KAZUMASA NAGAI , In the futuristic primeval forest , a leopard races through!

意外的精彩的來了，我們要同時結合豹與飛馳的汽車，提示詞如下：

/imagine prompt Retrofuturism , KAZUMASA NAGAI , On the futuristic highway, a sleek leopard races alongside the speeding cars. --ar 16:9

註 futuristic：未來的。 leopard：花豹。speeding：超速行駛。

生成的圖片不是一隻豹站在公路旁虎視眈眈，就是把豹的花紋與汽車合體，也有把豹的花紋展現在公路上。

這就是 Midjourney 每每帶來的驚喜！

4-5-6　迷幻藝術 Psychedelic art 和超現實風格 Surreal styles

Midjourney 可以任我們的構思任意遨遊，這一節來迷幻和超現實一下！

1. 突發奇想，想為外星人 ET 拍一張肖像。

/imagine prompt　Style Psychedelic art, Portrait photograph of an adorable alien species .

註 Portrait photograph：肖像照片。　adorable alien species：可愛的外星物種。

2. 一位身穿白色飄逸長袍的女性角色，在時光靜止的黑色之水上行走，詭異。

/imagine prompt　Style Surreal styles, a female role dressed in white flowing robes walks at top of the still black waters of time, weird .

註 flowing robes：飄逸的長袍。　still black waters：靜止的黑色水域。　weird：詭異的。

3. 亞瑟·博伊德 (Arthur Boyd) 風格，超現實主義 surrealism，拼貼 collage。
(https://www.midlibrary.io/styles/arthur-boyd) 詭異表現主義風格
(https://www.midlibrary.io/styles/surrealism) 描繪令人不安、不合邏輯的場景
(https://www.midlibrary.io/styles/collage) 拼貼是不同形式的組合藝術。

/imagine prompt　style Arthur Boyd , surrealism , collage .

4. 搪瓷 vitreous-enamel , 超現實 surrea，拼貼 collage。
（https://www.midlibrary.io/styles/vitreous-enamel）搪瓷或稱瓷釉，琺瑯

/imagine prompt　Vitreous enamel , surrea , collage .

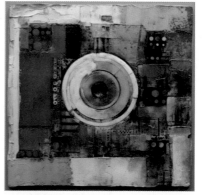

5. Aries Moross 風格，女巫 Witch，超詳細寫實，超現實 surrea，拼貼 collage。

(https://www.midlibrary.io/styles/aries-moross) 白羊座莫羅斯：文創藝術專家

/imagine prompt style Aries Moross , Witch , Ultra detailed Photorealistic , surrea , collage .

註 Witch：女巫。以女巫為創作主角。

6. 迷幻藝術，一隻神秘的黑貓在超自然的領域中，超現實主義，拼貼 collage。

迷幻藝術 Psychedelic art 是與迷幻和幻覺相關的藝術、圖形或視覺展示。

/imagine prompt Psychedelic art , A mysterious black cat::0.5 in the realm of the supernatural , surrea , collage .

7. 迷幻藝術，鬼魂的前衛藝術風格 avant-garde art，紫色和深靛藍的體積感燈光效果（通常是指在空氣中出現的光線散射現象）。

前衛藝術 avant-garde art：在藝術領域中探索新思想、新技術、新表現的形式。

/imagine prompt Psychedelic art , avant-garde art of ghost , volumetric lighting purple, dark-indigo

註 volumetric lighting：體積光是光線透過介質時的光影效果。　 dark indigo：深沈的靛藍。

8. 迷幻藝術，星際大戰海報，勞裡·格雷斯利風格，超現實 surrea，拼貼 collage。

勞裡·格雷斯利 Laurie Greasley：https://www.midlibrary.io/styles/laurie-greasley

/imagine prompt 　Psychedelic art , Star Wars Day postcard by Laurie Greasley , surrea , collage

4-6 攝影圖片的生成與創意連結之奧妙無窮

「我們不只是用相機拍照。我們帶到攝影中去的是所有我們讀過的書，看過的電影，聽過的音樂，愛過的人。」
——安塞爾·亞當斯 Ansel Adams

Ansel Adams（1902 年 2 月 20 日 - 984 年 4 月 22 日），美國著名攝影師。享年八十二高齡，曾被時代雜誌（TIME）做過封面人物，是美國生態環境保護的一個象徵人物，所拍過的美國風景區，後來都一一成爲國家公園。

安塞爾·亞當斯的風景照片有一個很大的特點，就是畫面上沒有人物，與社會、歷史不發生聯繫，也沒有新聞要素，但是他的作品所表現的美感，是超乎人的一般感受的。在他六十多年的攝影創作活動中，一直以風景攝影作品馳名環宇。

Midjourney 與攝影藝術連結之後，會激起多大的火花，請仔細閱讀本節，邊做邊看邊想是進步的泉源！一起加油！使用過單眼相機的朋友來生圖應該會心有戚戚焉·用手機拍照的朋友一樣可以得心應手。

戲法人人會變，各有巧妙不同！加油！

4-6-1　如何生成百分百攝影圖片？

Midjourney 生成圖片的種類五花八門，現在要談的是生成攝影照片，而不是圖畫。以一張很簡單的圖片來說明，「一位女孩在薰衣草田中漫舞」：

/imagine prompt　a girl is dancing in a lavander field.

天啊！怎麼會畫出一張照片一張水彩畫？怪誰？怪自己沒跟 Midjourney 說清楚啊！？那要如何保證生成的是一張照片呢？那就加上 "照片的"「Photo of」：

/imagine prompt　photo of a girl is dancing in a lavander field.

看來要生成攝影照片的方法很簡單，有沒有專業一點的？當然有，先列舉數種⋯⋯

1. 在提示中加上「DSLR」，數位單眼相機 (Digital Single Lens Reflex Camera)。

2. 在提示中加上「Ultra detailed Photorealistic」：超細緻逼真的照片。

3. 在提示中加上「Panorama Ultra detailed Photorealistic」：全景超細緻逼真照片。

4. 相機型號：例如 尼康 D850，索尼 α7 III 和 α7RIV，富士 X-T4 和 X-Pro3 等等⋯⋯。

舉例說明：左下圖是加上 DSLR，沒有很大改良。右下圖是加上「Ultra detailed Photorealistic」圖片比較細緻，光影效果也比較好。

下面二圖都是加上「Panorama Ultra detailed Photorealistic」，圖片更細緻。

接下來，搬出兩個法寶一起套上去「全景超細緻逼真照片 Panorama Ultra detailed Photorealistic」和「獲獎人像作品 User award winning photography」：

> **/imagine prompt** Panorama Ultra detailed Photorealistic , a girl is dancing in a lavander field , fast shutter speed shot , User award winning photography . --ar 16:9

「全景」是以寬闊的攝影角度來呈現廣闊景觀或場景的方法，所以用 16:9 比例。果然壯闊瑰麗，在寬闊的場景值得應用！

Nikon D850 是尼康公司是一款全片幅（Full Frame）數位單眼相機，高解析度，廣受專業攝影師和攝影喜好，適合用於風景、人像、廣告攝影等。

來玩玩街拍，假設在東京街頭看到對面的紅髮女子走過來，用適合人像攝影且鏡頭可以拉近的 85mm 鏡試拍了一下，假設場景是這樣描述著：

「在陽光明媚的日子裡，拍攝一張街頭風格的超級細緻逼真照片，紅髮女子穿梭於東京市街頭，穿著輕盈的上衣，直視鏡頭，利用自然光拍攝，使用 Sony a7IV 相機搭配 Sigma 85mm f1.4 鏡頭，鏡頭銳利，景深較淺，以 3:2 的寬高比拍攝。」

/imagine prompt Ultra detailed Photorealistic , on a sunny day , street style photo of a redhead smill woman going through Tokyo city wearing a light top , looking straight into the camera , natural light , shot on sony a7iv , sigma 85mm , f1.4, sharp focus , shallow depth of field , --ar 3:2 --style raw

註 street style photo：街拍攝影。　redhead：紅髮女郎。　light top：輕便的上衣。
looking straight into the camera：直視著鏡頭。　natural light：自然光。　shot：拍攝。

85mm：85mm 鏡頭是一種理想的人像攝影鏡頭，具有適中的焦距，能夠拍攝出自然的人像比例和美妙的肖像效果。明顯的背景虛化效果，使主題更加突出，背景更加柔和。具有優秀的光學性能和拍攝能力。

1.4, sharp focus：清晰聚焦

shallow depth of field：景深較淺，主題清晰，背景模糊，這是大光圈 f1.4 的特性。

上一頁生成的圖片實在有夠水準，可是只會用手機，對相機一概不懂的人，怎麼辦？那就把相機型號去掉就好了啊，會怎樣嗎？請看！也不錯啊！可能沒有相機對準，所以人物偏了一邊，那也有那一種美感啊！

可是，問題又來了，如果英文差，連中文都很差怎麼辦？可以用很簡單的提示詞嗎？例如寫成下面這樣可以嗎？會被 Midjourney 暗笑嗎？當然不會的！

「街拍，紅髮女孩，自然光」

/imagine prompt　street style photo，a redhead girl，natural light --ar 3:2

天啊！也不錯啊！看來 Midjourney 的基本功夫不錯啊！如果把「紅髮 redhead」去掉會怎樣？那就不保證會生成紅髮囉！

所以說，Midjourney 還是很公平又仁慈的，相機常識你懂的愈多，生成的圖片就愈有架勢也愈精彩細緻，否則就生成一般水平之上的照片，要繼續加油！

 **TIP**

對攝影外行的朋友要如何知曉相機類型等等專業知識，那就問一下 ChatGPT：

問：適合拍人像的相機品牌與鏡頭？

答：有很多相機品牌和鏡頭適合拍攝人像，以下是一些常見的品牌和鏡頭選擇：

1. 尼康（Nikon）：尼康的相機和鏡頭具有出色的畫質和對焦性能，特別是他們的專業級全片幅相機系列如 D850 和 Z7，以及專為人像攝影而設計的鏡頭如尼康的 85mm f/1.4 鏡頭。

2. 佳能（Canon）：佳能的相機和鏡頭廣泛使用於人像攝影領域。他們的專業級全片幅相機如 EOS 5D Mark IV 和 EOS R5，以及像佳能的 85mm f/1.2 鏡頭這樣的人像專用鏡頭都受到許多攝影師的喜愛。

3. 索尼（Sony）：索尼的全片幅相機系列如 α7 III 和 α7R IV 廣受好評，具有出色的畫質和低光表現。他們的 85mm f/1.4 GM 鏡頭也被視為拍攝人像的優秀選擇。

4. 富士（Fujifilm）：富士的 X 系列相機如 X-T4 和 X-Pro3 非常受到攝影愛好者和專業攝影師的喜愛，擁有出色的顏色再現和細節表現。他們的 56mm f/1.2 鏡頭是一款受歡迎的人像鏡頭。

5. 賓得士（Pentax）：賓得士的相機具有出色的構造和耐用性，特別是他們的全片幅 K-1 Mark II 相機和 HD 系列鏡頭，如 Pentax HD FA 85mm f/1.4 SDM AW 鏡頭，是人像攝影的優秀選擇。

………其他的你也可以繼續問，諸如

問：85mm 鏡頭有何特點？ f1.4 有何特色

問：nikon 850 的特色？可以搭配哪些鏡頭？

問：要拍出有動感的照片（Action shots，速度要多少？ ……………

4-6-2　四位風格攝影家

要讓 Midjourney 生成照片的方式還有一個方法，直接套用攝影師 Photographers 的風格，目前這個網站整理了約三百多位攝影師風格讓我們參考：

https://www.midlibrary.io/categories/photographers

選用下面四位不同風格攝影師來測試一下生成照片的樣貌。

1.　Mandy Disher 曼迪碟

特色：詩意的特寫畫面，如風中雛菊作品

https://www.midlibrary.io/styles/mandy-disher

2.　Miles Aldridge　邁爾斯奧爾德里奇

特色：奇裝異服色調明豔的作品

https://www.midlibrary.io/styles/miles-aldridge

3.　Alvin Langdon Coburn
　　阿爾文・蘭登・科本

特色：霧中冷調孤獨的畫面

https://www.midlibrary.io/styles/alvin-langdon-coburn

4.　Ansel Adams 安塞爾・亞當斯

特色：風景黑白攝影巨匠

https://www.midlibrary.io/styles/ansel-adams

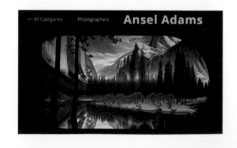

主題一：《攝影師各自的風格專長》

1. Mandy Disher 曼迪碟

題目：「薰衣草田，天空中飛翔的鳥兒，日出，逆光，微觀視角（近拍）。」

/imagine prompt　style Mandy Disher , lavender fields , birds fly in sky , sunraise , Back Light , micrscopic view , --ar 16:9

由於攝影師擅長拍攝充滿詩意的特寫風格，如風中雛菊作品等等，因此特別安排這樣的場景，完美演繹這位攝影師的風格攝影。

2.　Miles Aldridge　邁爾斯奧爾德里奇

/imagine prompt　style Miles Aldridge , The lavender fields of Provence, France girl dancing sway in the breeze. Ultra detailed Photorealistic , Back Light , micrscopic view , Landscape --ar 16:9

題目是：「普羅旺斯的薰衣草田中，一位女孩隨風起舞。這幅作品以超詳細的寫實風格呈現，逆光拍攝和微觀視角展現出壯麗的風景。」

註 微觀視角 micrscopic view 可以用來突顯物體的細節和質地，帶來獨特的視覺效果和觀感。在描述中提到的微觀視角意味著作品可能會以一種細緻入微的方式呈現女孩在薰衣草田中的舞蹈場景，讓觀眾能夠更加細緻地感受到細節和氛圍。

由於這攝影師風格相當明豔與明快，因此特地搭配微觀視角呈現出藍天白雲與活潑女子漫舞的快樂寫意鏡頭。彷彿仙樂飄飄處處聞一般的景緻！

3. Alvin Langdon Coburn 阿爾文・蘭登・科本

題目：「在薰衣草田中，一個孤獨的女孩陷入了沉思，周圍彌漫著一種朦朧的氛圍。」因為這位攝影斯擅長營造一種孤寂的美感，所以我們就要符合他的專長。

/imagine prompt style Alvin Langdon Coburn , lavender fields , a lonely girl Deep in thought , The atmosphere is filled with a misty ambiance , --ar 16:9

/imagine prompt style Alvin Langdon Coburn , lavender fields , a lonely girl::0.5 Deep in thought , The atmosphere is filled with a misty ambiance , Back Light , --ar 16:9

4. Ansel Adams 安塞爾·亞當斯

題目：「普羅旺斯的廣闊薰衣草田，背景中高聳的山脈，以及盤旋的白雲，逼真的細節呈現，景色壯麗，採用廣角 35mm 鏡頭，光圈設定在 f16。」

/imagine prompt style Ansel Adams , The vast lavender fields of Provence, majestic mountains in the backgrount , and swirling white clouds , Ultra detailed Photorealistic , Landscape , wild angle , f16 35mm , --ar 16:9

註 針對這位超級風景攝影大師，必須安排一些細節以發揮他的專長。

使用廣角鏡頭（35mm 為微廣角）和較小的光圈設定（如 f16），使用廣角鏡頭和較小的光圈設定可以協助捕捉更廣闊的場景，保持整個景象清晰，並提高影像的對比度和色彩飽和度。

5. TJ Drysdale 德賴斯代爾 新潮攝影師客串

特色：新潮風格注重光影善於捕抓逆光

https://www.midlibrary.io/styles/tj-drysdale

因為上面有攝影師的風格太過局部或孤寂嚴肅，所以想找另位攝影師來展示一下薰衣草田的風采！雖然題目與前面相同，但是生成的照片就是不一樣！

/imagine prompt style TJ Drysdale, The lavender fields of Provence, France girl sway in the breeze. Ultra detailed Photorealistic , Back Light , micrscopic view , --ar 16:9

註 原來德賴斯代爾是一位美女攝影師，2009 年才開始攝影，拍下無數經典影像，以人像為主。
http://www.art-woman.com/HongViewDetail.aspx?id=3137

既然德賴斯代爾 Drysdale 是一位美女名攝影師，就出一道比較難的題目來考考她：

題目：「全景超細緻寫實，三個微笑的法國女孩在薰衣草田中跳舞，採取引人注目的姿勢！她們戴著白色寬邊帽，手持紫色雨傘，穿著時尚的服裝。風景，藝術攝影，全身。」

/imagine prompt　style TJ Drysdale, Panorama Ultra detailed Photorealistic , Three smiling French girls dancing in a lavender field , striking poses ! They are wearing white wide-brimmed hats, holding purple umbrellas, and dressed in fashionable outfits, Landscape , artistc camera work . full body　--ar 16:9

註 下圖加上「俯視角度 top view」。

主題二：《星空下的貓咪肖像》

/imagine prompt style x x x , Portrait of cat animal Starry Night

Mandy Disher 曼迪碟

Miles Aldridge 邁爾斯奧爾德里奇

Alvin Langdon Coburn 阿爾文 · 科本

Ansel Adams 安塞爾 · 亞當斯

註 在一般性質的主題，比較不容易顯現攝影師個人的攝影風格！

主題三：《身穿飄逸禮服的女士，以草間彌生風格擺姿》

題目：「身穿長款飄逸禮服的法國女子擺姿勢，草間彌生風格，立體攝影。」

/imagine prompt style x x x , A French woman in a long flowing gown poses , in the style of Yayoi Kusama, stereoscopic photography.

結果如下，各家真是八仙過海各顯神通，可以當作時裝攝影的專業海報喔！

Mandy Disher 曼迪碟

Miles Aldridge 邁爾斯奧爾德里奇

Alvin Langdon Coburn 阿爾文·科本

Ansel Adams 安塞爾·亞當斯

再請 TJ Drysdale 德賴斯代爾新潮攝影師客串,套用《身穿飄逸禮服的女士,以草間彌生風格擺姿》得出以下結果:

註 德賴斯代爾 TJ Drysdale 剛開始接觸攝影時,對於拍攝風光和自然有著濃厚的興趣,但在拍攝了一段時間後,她逐漸失去那份激情,於是,她轉而開始拍攝人像作品,讓她找到了拍攝的方向,也讓她重新找到了那份對於攝影的激情。

主題四：《薰衣草田的女孩隨風飄逸》

題目：「法國普羅旺斯的薰衣草田中，女孩在微風中搖曳。」

/imagine prompt style x x x , The lavender fields of Provence, France girl sway in the breeze.

Mandy Disher 曼迪碟

Miles Aldridge 邁爾斯奧爾德里奇

Alvin Langdon Coburn 阿爾文·科本

Ansel Adams 安塞爾·亞當斯

這一次，由以上生成的圖片可以大略看出各個攝影師的不同風格，因此在寫提示詞時只要找對攝影師，確實可以省下不少對提示詞費心，例如氛圍的形容等等。

Midjourney 的可愛（或可恨？）之處也在於擁有多變的靈魂，無法捉摸（應該說是很難捉摸）的個性，像個武俠小說那位刁蠻又精靈的少女，也像西部電影那頭未經馴服的脫韁野馬，不過，只要彼此了解愈多，相處就會日漸容易喔！

4-6-3　由一杯卡布奇諾說起，直到冒出熱騰騰的白煙～

好想喝一杯卡布奇諾咖啡，裡面有咖啡師的細心沖泡與香醇滋味點滴在心頭，最上面有咖啡師的拉花印記，光想著這畫面就陶醉了，Midjourney 懂得品賞嗎？

於是，咒術師寫下了這樣的咒語：「展示一杯冒著白煙的熱騰騰的卡布奇諾，放在桌子上，近景拍攝，背景是咖啡豆。透過俯視角度，展示杯子內由咖啡製成的標誌。使用 DSLR 相機，焦點清晰，景深淺，採用了林布朗光特效照明。」

/imagine prompt　A steaming cappuccino that can See the hot coffee with white smoke , placed on a table , close-up shot, with a backdrop of coffee beans. Top-Down View, showcasing the logo made from the coffee inside the cup , DSLR , sharp focus , shallow depth of field , Rembrandt Lighting .

真的是夢想成真呢，一杯咖啡在手，一曲咖啡音樂悅耳，人生還有什麼不滿意呢？原來加上「Logo」就會拉花，真是興奮得啦～啦～哩啦啦～

如果 … 咖啡要能冒點煙啊不知有多好？天啊！真是折煞人了！嗯，冒煙，想到我的頭都冒煙了，咖啡的白煙還是冒不出來，冒得太多拉花又不見了！

想看看，嗯，看到冒著一縷縷白煙的熱咖啡？有二種方式，先試驗一下：

一種是熱咖啡冒著白煙：the hot coffee with white smoke（左下圖）

一種是熱咖啡冒著縷縷白煙：the hot coffee with wisps of white smoke（右下圖）

看來白煙還是小一點的比較秀氣，那就帶進提示詞吧？請看結果！

滿意了嗎？簡直可以拿去當廣告了！

再來輕鬆一下，咖啡師只會拉一種花嗎？那可不！只要說出來，就拉給你看！可愛小動物可以，千萬不要叫我拉恐龍喔！先來拉一隻小白兔，只要把提示詞的 logo 改成 Rabbit 不就成了？想起來都好簡單喔！果然 ……

左邊這一隻不錯吧！可是右邊的兔子居然搞成這樣？ 3D 兔？怎麼拉？！

好個咖啡師，上一次當學一次乖！再拉龍貓和貓咪居然都成功了，原來他把提示 logo 改成：the cute cat face 和 the cute totoro face，我只要臉部就成了！看來這位咖啡師是還是個很要臉的人，大家也一起來玩玩看好嗎？

有沒有想說在森林浴吸收芬多精時，來一杯卡布奇諾？可以心想事成喔！

「在森林中的真實 3D 效果，一杯卡布奇諾，俯視角度，戲劇性燈光。」

/imagine prompt　realistic 3d in the forest , A cup of cappuccino , top-down perspective , drama light

感覺如何？氛圍不錯吧！且敬你一杯芬多精卡布奇諾！最後我們再加上「Panorama Ultra detailed Photorealistic」和打個「白光 white light」。

/imagine prompt　Panorama Ultra detailed Photorealistic , realistic 3d in the forest , A cup of cappuccino , white light , top-down perspective , drama light --ar 3:2

註　白光照明（white light）通常指使用白色燈光源照亮主題或場景，用於營造自然、真實的光線環境。

戲劇舞台燈光（drama light）通常用於創造戲劇效果或突出場景的某些特定元素。它可以營造出強烈的陰影和對比，增強情感表達，

最後，再來生一張也是一樣會冒煙的運動鞋吧？啥米？運動鞋也冒起煙來？著火了？不是啦！應該說是「塵土飛揚」才對！

「塵土飛揚」的英文是怎樣拼？ChatGPT 說是「flying flying in the air」或「flying flying」（左下圖），至於「flying colorful dust」則是「飛舞的彩色塵埃」（右下圖），好像大地被砲彈擊中一般。

請運動鞋登場了：「商業攝影，飛揚的塵埃，專業運動鞋，超詳細的真實感，專業的色彩處理，戲劇性的燈光。」

/imagine prompt Commercial photography , flying dust ，professional sneakers , Ultra detailed Photorealistic , professional color . drama light .

接下來是壓軸的「飛舞的彩色塵埃　flying colorful dust」！

提示詞：「全景超詳細寫實攝影，商業攝影，彩色塵埃飛揚，一雙專業運動鞋，專業色彩處理，戲劇性燈光。-- 長寬比 3:2。」

/imagine prompt Panorama Ultra detailed Photorealistic , Commercial photography , flying colorful dust , a pair of professional sneakers , professional color . drama light . --ar 3:2

把鞋子帶到森林中會是什麼樣的氛圍？試試看！

提示詞：「全景超詳細寫實攝影，商業攝影，逼真的 3D 專業運動鞋在森林中發光，白光照明，彩色塵埃飛揚，專業色彩處理，戲劇性燈光。-- 長寬比 3:2。」

/imagine prompt　Panorama Ultra detailed Photorealistic , Commercial photography , realistic 3d professional sneakers glowing in the forest , white lighting , flying colorful dust ，professional color, drama light --ar 3:2

CHAPTER

05

Midjourney
藝術圖像的生成技巧

其實註冊進入 Midjourney 的 AI 藝術殿堂是很划算的！說不盡的各類藝術家風格和藝術流派讓你挑著用，真是打著燈籠也沒處找，順便也認識藝術家們的風格！

從來沒有一種軟體能讓我們實現「說得一口好畫」的願望！現在終於有了。這個單元安排了好多好精彩的課程，學會之後，靈活套用到自己的想望或工作所需。

5-1　生成感動，溫暖心靈的母親卡

5-2　一條通往 Midjourney 藝術大道的途程

5-3　鯨魚在天上飛，京都女子和熱血少年照過來

5-4　從李白的靜夜思到李清照的如夢令

5-5　Midjourney 在抽象與水墨畫之間來去自如

Midjourney 居然連抽象畫也難不倒，古詩詞意境也可用國畫的意境顯現出來，不用說新潮的卡通漫畫真的如探囊取物，你想得到的 Midjourney 就畫得出來！美味已經上桌了，就等你來細細品嚐囉！

5-1 生成感動，溫暖心靈的母親卡

> 「繪畫的時候，不是用手，而是用腦。」 ——米開朗基羅 (Michelangelo)

米開朗基羅是義大利文藝復興時期傑出的通才、雕塑家、建築師、畫家、哲學家和詩人，與達文西和拉斐爾並稱「文藝復興藝術三傑」。鼎鼎有名的《創世紀》是米開朗基羅在梵蒂岡宗座宮殿西斯汀小堂大廳天頂的中央部分，按建築框邊畫的連續 9 幅宗教題材的壁畫，使他名垂千古。

外行人看藝術家在創作，明明是一雙手，可是藝術家卻認為「繪畫的時候，不是用手，而是用腦。」的確是一針見血的至理名言。就像在使用 Midjourney 生圖時，旁人如果說我們用鍵盤在生成圖片，對方的想法真會令人搖頭嘆息。

當生成一張動人的圖片時，應該知曉那是需要先了解各種風格與溝通語言，還有本身的知識，甚至藉助 ChatGPT 的襄助，三方搭配無間所得到的結果。彼此之間像是高手對決又像肝膽相照的老友，妙不可言！所以必須先動腦，再來敲鍵盤喔！

本節由一張母親卡走進 Midjourney 的魔法世界！

5-1-1　故事的開始，只想生成一張母親卡

「工欲善其事必先利其器」，大家都知道 Midjourney 是 AI 繪圖利器，就像 ChatGPT 一樣有求必應，問什麼就會給你超強的答案，難免一開始有會輕忽了 Midjourney 的使用方式，在彼此都還沒正式認識與溝通體諒敬重之時。

故事的開始，其實我當時只想製作一張母親卡，於是就寫了一個提示詞：

/imagine prompt　Happy Mother's Day .

好簡單，應該心想事成了吧？是的，果然圖片生成了！哇哈哈！（左下圖）

我是個不信邪的人，於是再生成一次，果然成了！（右下圖）

看到左上圖，我驚叫了一下：「天啊！什麼跟什麼！」課本教的成語「南轅北轍」或「雞同鴨講」就是這種情況吧！

看到右上圖我好欽佩我自己，怎麼會生成這麼美的圖片，美好的氛圍，幸福的時光，可是這是我自己要製作的卡片呢，我娘又不是外國人！可是我又沒跟 Midjourney 講清楚，他怎麼會知道我是台灣人？！

現在我要自我省思，真的要怪自己沒交代清楚，好吧！再來一次！

5-1-2　水彩與印象派畫風

特別加註，台灣的母親，這張卡片要用水彩來畫：

/imagine prompt　happy mother's day , Taiwanese women , watercolor .

台灣的母親果然氣質超級優雅，感謝 Midjourney 的合作。

有道是：「人心不足蛇吞象」講錯了，應該是「學然後知不足」，就像剛學會開車之後，一定要把車開得漂亮一點，一步一腳印，不能開快車。所以要改一下提示詞，把自己的希望先用中文寫出，再請 ChatGPT 翻譯一下：

「母親節快樂！一位年輕的台灣媽媽和她的兒子，手中拿著一束花，展現藝術感和印象派風格，放大明亮。」

/imagine prompt　Happy Mother's Day ! A young Taiwanese mother with her son , holding a bouquet of flowers , with an artistic sense and an Impressionist Style Upscaled Bright .

結果如何？請看下一頁！

註 Upscaled Bright：提升亮度，增強亮度。

果然是印象派畫風,又好明亮!很滿意!可是 ... 如果是女兒呢?那就把 son 改成 daughter 就成了。(沒問題吧!)

可是 ... 如果是一男一女呢?怎麼辦?要用有藝術氛圍(artistic sense)的印象派(Impressionism)來畫喔!

/imagine prompt　Style Impressionism , happy mother's day , taiwanese women with her son and daughter , artistic sense .

不錯喔,**我們學到了:要畫什麼就要把重點跟 Midjourney 講清楚喔!**

其實要設計一張母親卡內頁，希望可以有留白處寫上卡片內容，基本的要求是這樣的：

「設計一張母親節卡片，以鮮花為主題，卡片上片有空白處可以寫出祝福的話語。直式卡片比例 2:3」

/imagine prompt　Designing a Mother's Day Card with a floral theme and blank space　--ar 2:3

註 floral：花卉的。　theme：主題。

很快的母親卡就設計出來了，你也可以存檔送到超商去列印喔！

同樣的提示詞，如果把長寬比改成 3:2 就會變成橫式卡片。

5-2 一條通往 Midjourney 藝術大道的途程

「畫畫並不意味著盲目地去複製現實，它意味著尋求各種關係的和諧。」

——塞尚

塞尚是一位全世界著名的法國畫家，風格介於印象派到立體主義畫派之間。他的作品為 19 世紀的藝術觀念轉換到 20 世紀的藝術風格奠定基礎，對馬蒂斯和畢卡索產生極大的影響，因此被尊稱為「現代繪畫之父」。

本節內容的安排煞費苦心，以諺語詩詞為引線，再旁敲側擊邀請自己所心儀的諸位世界級藝術大師如林風眠、徐悲鴻、吳冠中、克林姆、宮崎駿、葛氏北齋、 Erik Madigan Heck、歐姬芙 ... 等等，完成一種以往根本無法企及的美夢，現在重新閱讀本文，真的是百感交集，世界的藝術世界如此寬廣，而 Midjourney 讓他們齊聚一堂，真的是偉大！

各位，一條通往 Midjourney 藝術大道的指南，於焉在此生成，請邊學邊做。

5-2-1　要如何思考圖片的主題？

如何讓 AI 產生的作品符合甚至超出我們的需求，甚至採用古今中外的藝術家風格來幫忙，在以往是不可能的，現在藉著 Midjourney 浩大的功能，就可以完成我們的美夢。

現在就以這句傳家格言來發揮：

「樹欲靜而風不止，子欲養而親不待。」

這是勸人行孝要及時的勵志對句，用於感嘆為人子女在希望盡孝雙親時，父母卻已經亡故。雖是勸善詩詞，卻能在文字中看到實際情景，例如樹木、風，子女，還有悔恨的表情，來看看是否能如願畫出一幅畫來當桌面，警惕自我要及時行孝。

首先，要翻成英文，就請 ChatGPT 大神來幫忙。得到以下結果：

" The tree wants to be quiet but the wind does not stop , The child longs for nurturing , yet the parent is absent ."

註 nurturing 是撫育、照顧的意思。　parent 是父母、雙親。

翻譯之後，最好自己閱讀一次，了解一下意思，看看是否有詞不達意的地方，順便也學學英文。

接下來就直接交給 Midjourney 來執行，不做任何潤飾。得到一個不錯的作品。樹下的孩子充滿著對雙親的思念。（如右圖所示）

5-2-2　國畫大師林風眠風格

首先採用近代藝術家**林風眠（lin fengmian）大師**風格，這位中國畫家暨教育家，中國近現代美術的啟蒙者之一，與徐悲鴻、顏文樑和劉海粟諸先生並稱「四大校長」，來頭不小。

只要在前面加上提示詞：Style lin fengmian。

/imagine prompt　Style lin fengmian , The tree wants to be quiet but the wind does not stop , The child longs for nurturing , yet the parent is absent .

神奇吧！而且作品相當傳神，有小孩子或坐或站在風吹樹枝搖的樹下沉思，似乎在思念著自己日思夜念的已經往生了的媽媽！想起如果媽媽還在，那有多好啊，可惜呀可惜，一切都已經太遲了！

當然囉，可以再次請 Midjourney 重畫幾次，再挑選自己滿意的作品來儲存！

5-2-3　國畫大師徐悲鴻風格

與林風眠同樣享有大名的**徐悲鴻（xu-beihong）大師**，他是**中國現代畫家、美術教育家**，兼**擅油畫及水墨畫**。與林風眠畫風並不相同！

只要在前面加上提示詞：Style xu-beihong。

/imagine prompt　Style xu-beihong , The tree wants to be quiet but the wind does not stop , The child longs for nurturing , yet the parent is absent.

得到以下結果：

徐悲鴻以畫「奔馬圖」而聞名，這樣的人子親情也得心應手。

左上圖：看似一位哥哥雙手插在褲袋與一旁的妹妹站樹蔭下望著遠方，像在望著想著失去的親人，濃濃的樹叢像是雙親偉大的深情，著實令人感動。

右上圖：年輕小弟坐在大樹根上，凝望著遠方似有所思，背後一片霧茫茫，象徵著心中的失落雨迷茫。

誰說 AI 繪圖只能天馬行空？感人的作品還是可以創作出來的，只要你有心！

5-2-4 國畫大師吳冠中風格

吳冠中（wu-guanzhong）大師是二十世紀現代中國藝術的代表性人物，終生致力於油畫及中國畫現代化之探索，獨創的「彩墨畫」獨樹一幟，與朱德群和趙無極被譽為「留法三劍客」。

吳冠中先生一身布衣，不沾名利，人格特質最是受人景仰。

只要在前面加上提示詞：Style wu-guanzhong。

/imagine prompt Style wu-guanzhong , The tree wants to be quiet but the wind does not stop , The child longs for nurturing , yet the parent is absent .

得到以下結果：

領略到了吳冠中彩墨畫看似繽紛優雅的特點，也觀賞到畫中風吹樹搖，樹下人兒的孤寂。

AI 繪圖真是好厲害的神器，能掌握到提示詞的內中含意，筆鋒常帶感情，讓觀者感動。

5-2-5　西方大師克林姆風格

克林姆（Gustav Klimt），是出身於維也納的象徵主義畫家，也是維也納分離派運動最具代表性的成員之一。克林姆特的主要主題是女性身體，他的作品以坦率的情與色為標誌，例如 1908 年的「吻」最是有名。他畫作的特色在於特殊的象徵式裝飾花紋。

採用這位大師的風格來繪出東方的哲學名句行得通嗎？請先別杞人憂天，只要在前面加上提示詞：Style Gustav Klimt。

/imagine prompt　Style Gustav Klimt , The tree wants to be quiet but the wind does not stop , The child longs for nurturing , yet the parent is absent .

得到以下結果：

左上圖居然主角是母親抱著孩子，一臉慈祥，旁邊還有一個孩子憂戚的站在一旁。顯然是在懷念已亡故的父親。

右上圖有一位悲凄的婦女和一位小孩在樹下，顯然也是在執行東方的孝道：「子欲孝而親不在」的遺憾。

Midjourney 確實有夠屬害，讓一位情愛大師轉身一變成為慈眉善目的畫者。

5-2-6　日本動漫大師新海誠和吉卜力工作室風格

如果以同樣的主題，採用風格具有浪漫、細膩和富有情感的日本知名的動畫導演和作家**新海誠（Makoto Shinkai）**和**吉卜力工作室（studio Ghibli）**一起來合作，畫出日本動漫（Japanese anime）的作品，會產生怎樣的結果呢？

/imagine prompt　Japanese anime , Style Makoto Shinkai , studio Ghibli , The tree wants to be quiet but the wind does not stop , The child longs for nurturing , yet the parent is absent .

結果如下：

這二張作品都很有日本動漫的風味，有大樹和小孩，小孩都背向著鏡頭，顯然在眺望著大海的遠方或凝視天空的親人，表情應該是凝重的，因為都是靜止狀態。

以這樣題材生成的日本動漫作品好像屬於孤獨情感的表現，要讓觀賞感受到悲戚與遺憾。也許有明確獨立的故事背景，性格化的劇情與強烈的視覺效果，才是日本動漫的特色。

5-2-7 日本動漫祖師爺宮崎駿風格

經過測試，日本動漫不一定適合思親的角色，也許提示詞還要再更動一下，也許採用日本動漫祖師爺**宮崎駿（Hayao Miyazaki）**的風格來示範，應該會有更好的效果。

/imagine prompt Style Hayao Miyazaki , The tree wants to be quiet but the wind does not stop , The child longs for nurturing , yet the parent is absent .

根據測試結果顯示，宮崎駿爺爺雖已宣告退休，但是 Midjourney 經常會讓這位老爺爺在風格作品中出現，不過也能醞釀另一種思念。就像這樣：

畫面很溫馨，好像是描述這樣的情節：

孩子的雙親意外亡故，由老爺爺親自照料著，這一天，爺孫倆來到一棵大樹下，爺爺講著以往的故事，一起來懷念著自己的親人 ......

5-2-8　日本浮世繪大師葛氏北齋風格

關於日本繪畫，總會不由得想到浮世繪大師**葛飾北齋（Katsushika Hokusai）**。葛飾北齋，江戶時代末期浮世繪大師，葛飾北齋多才多藝，作品涉獵版畫、水墨、染畫、圖書插畫等，其中以浮世繪《神奈川沖浪裏》、《富嶽三十六景》以及《北齋漫畫》為其最具代表性的作品。

/imagine prompt　Style katsushika-hokusai, The tree wants to be quiet but the wind does not stop , The child longs for nurturing , yet the parent is absent .

結果如下：

這二張作品當真具有葛氏北齋的繪畫風格，除了符合主題大樹下的思親，也將藝術家擅長畫大海的特色融合進去。

不得不說，Midjourney 太有才了，除了畫風也包含了此人的個性風格。

5-2-9　西洋當代藝術家埃里克‧馬迪根赫克（Erik Madigan Heck）風格

埃里克‧馬迪根赫克（Erik Madigan Heck）是一位美國攝影師和藝術家，專注於時尚和美術攝影。他的風格獨特，融合了鮮豔的色彩和繪畫技巧，使他的照片看起來類似於文藝復興時期的繪畫或印象派藝術品。如果請他來表現這種題材，又會如何呢？

/imagine prompt　Style ERIK MADIGAN HECK , The tree wants to be quiet but the wind does not stop , The child longs for nurturing , yet the parent is absent.

結果果然令人驚艷！

在濃郁色彩與憂鬱表情的表現之下，不論是衣著的搭配或是背景的樹木，還有人物的表情，在在都令人印象深刻。

只要是 Midjourney 榜上有名的藝術家，輸入主題和藝術家的名字，一切都搞定了！

5-2-10 半抽象半寫實的藝術家歐姬芙風格

一路看來好像都很順利喔，可是夜路走多了，難免遇到……

這次很有信心與喜悅的想試試我喜愛的歐姬芙（Georgia o'Keeffe）。歐姬芙是美國藝術家，被列為 20 世紀的藝術大師之一。歐姬芙的繪畫作品以半抽象半寫實的手法聞名，其主題相當具有特色，多為花朵微觀、岩石肌理變化，海螺、動物骨頭、荒涼的美國內陸景觀為主。

/imagine prompt Style Georgia o'Keeffe , The tree wants to be quiet but the wind does not stop , The child longs for nurturing , yet the parent is absent .

很快的作品出來了，果然不失所望，歐姬芙的畫風，問題是她只畫了"一半"，我的意思是，她只畫出出前半段，只有風吹樹枝遙，好像沒有表現出相思在心底。

問題在哪裡？遇到問題，你有信心要靠自己來解決嗎？動動腦你就沒煩惱！我當時突發奇想的想到，莫非是歐姬芙看不懂英文嗎？她可是美國人呢！管他的！死馬當活馬醫，我就自作主張把後半段的英文改得簡單一點！（天啊！我只會把複雜的改成簡單一點的。）

/imagine prompt　Style Georgia o'Keeffe , The child longs for nurturing , yet the parent is absent .

執行二次，果然是充滿感情的畫面，我自己實在改得太好了！哇哈哈！

厲害吧！歐姬芙充滿感情的把小朋友
生出來了！真是不經一事不長一智，
沒有遇到困難，真也不知道自己有多
「麻瓜」！

歐姬芙實在厲害，自身輪廓好美好
美，感情十分豐沛，色調柔和，背景
也夠優雅！可是沒有大樹？

問題是，只解決了問題的後半段！如
果合併整句會怎樣！

於是就將完整的句子整理出來！

/imagine prompt Style Georgia o'Keeffe , The tree wants to be quiet but the wind does not stop , The child longs for nurturing , yet the parent is absent .

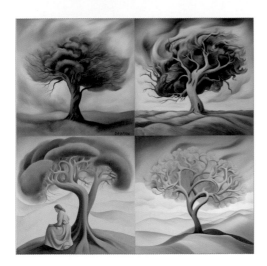

總覺得 Midjourney 像是鬥牛場上一隻充滿活力充滿野性的雄赳赳鬥牛，威力無比，從不退縮，問題是，有時候也會不按照鬥場上的規矩胡亂奔馳，讓我們不知所措！

喜歡他，就要用柔軟心和感謝心來接觸他！自然他就會變成一隻戰鬥力仍在，卻也柔軟心的 Midjourney。

5-2-11　如何改變畫面的比例，讓風景更寬闊一些？

這一單元已學會了如何採用自己喜愛的藝術家風格，畫出心中的想望。只是又會覺得美中不足的是，可以依照指定的背景生成作品嗎？這是此處要探討的地方。首先採用林風眠大師風格畫一張母親卡。

/imagine prompt　Style lin-fengmian, make me a happy Mother's Day card including a carnation bouquet and a Taiwanese beautiful tender woman .

生成的這兩張母親卡都十分完美，只是在學習過程中要不斷的要求自己往前行，想說如果能夠再以風光優雅的日月潭為背景，來烘托母親當年與子女在日月潭畔的美好回憶。首先，要指定背景，必須有個關鍵字「background」，還有希望畫面比例能夠拉長一些，好讓風景畫更為寬廣，就加上參數「--ar 3:2」的比例。

接下來，試試**吳冠中**（wu-guanzhong）先生的風格。

/imagine prompt　Style wu-guanzhong , make me a happy Mother's Day card including a carnation bouquet and a Taiwanese beautiful tender woman with her kid , background Taiwan Sun Moon Lake　--ar 3:2

吳冠中（wu-guanzhong）大師的畫風就是具有東方風味，清新脫俗，令人欣喜。

接著，試試歐姬芙（Georgia o'Keeffe）畫風，果然佳作，真是太美好太滿意了！

只是總還是有點感到美中不足之處，有些作品以人物為主題，將背景給遮住了，枉費了日月潭的美景，那 ... 有沒有辦法來麻煩畫家們在作畫時，讓背景佔畫面多一點，人物可以縮小些，這樣又會以一番不同的感受，你說是嗎？請往下看！

5-2-12　如何調整主題與背景的比例？

要調整佔比，通常都需要以簡短而明確的主題來註明所佔的比例。「梵谷風格，一位臺灣的微笑溫柔婦女和她的孩子，手持康乃馨花束 :: 1 ，背景為臺灣的日月潭 :: 4。」

/imagine prompt　Style Van G ogh , a Taiwanese smiling tender woman with her kid and a carnation bouquet :: 1 , background Taiwan Sun Moon Lake :: 4 --ar 16:9

沒想到梵谷的的風格如此柔美，接著改用水墨（Sumi-e drawing）風格來試試，別有一番滋味在心頭！

/imagine prompt　Style Sumi-e drawing , a Taiwanese smiling tender woman with her kid and a carnation bouquet :: 1 , background Taiwan Sun Moon Lake :: 4 --ar 16:9

5-2-13　為何 Midjourney 可以如此神通廣大？

這應該是拜 AI 時代來臨之賜吧？就像 ChatGPT 被訓練以大量資料，然後再經過人工智慧的判讀，隨時逐步自我改進，就可以快速提供所需要的各款問題之答案。

Midjourney 也是事先累積世界各大門派的藝術武功，把各個時代藝術家的藝術風格與技術整理歸檔，當想要呈現哪種風格或哪位藝術家畫風時，透過 AI 處理生成。

至於 Midjourney 的藝術寶庫有哪些藝術家的葵花寶典，你可以參考以下這個網站：畫家總覽名冊（Painters），這裡列舉了所有可以應用的藝術家與派別。使用時只需輸入 Style 加上該畫家名字即可，就像本節所使用的方式一樣。

https://www.midlibrary.io/categories/painters

5-2-14　本節相關的藝術家名字與網頁作品介紹

1.　林風眠（lin fengmian）

　　　https://www.midlibrary.io/styles/lin-fengmian

2.　徐悲鴻（xu-beihong）

　　　https://www.midlibrary.io/styles/xu-beihong

3.　吳冠中（wu guanzhong）

　　　https://www.midlibrary.io/styles/wu-guanzhong

4.　克林姆（Gustav Klimt）

　　　https://www.midlibrary.io/styles/gustav-klimt

5.　新海誠（Makoto Shinkai）

　　　https://www.midlibrary.io/styles/makoto-shinkai

6.　宮崎駿（Hayao Miyazaki）

　　　https://www.midlibrary.io/styles/hayao-miyazaki

7.　葛飾北齋（Katsushika Hokusai）

　　　https://www.midlibrary.io/styles/katsushika-hokusai

8.　埃里克・馬迪根赫克（Erik Madigan Heck）

　　　https://www.midlibrary.io/styles/erik-madigan-heck

9.　歐姬芙（Georgia o'Keeffe）

　　　https://www.midlibrary.io/styles/georgia-okeefe

10.《畫家總覽名冊 Painters Midjourney AI 樣式 MIDLIBRARY》

　　　https://www.midlibrary.io/categories/painters

11. 水墨繪 (Sumi-e drawing)，使用不同濃度的黑墨水來繪畫

　　　https://www.midlibrary.io/styles/sumi-e-drawing

5-3 探索多元藝術風格

「我花費 4 年的時間畫得像拉斐爾，卻用一生的時間去追求畫得像孩子」

——畢卡索

畢卡索是西班牙著名的藝術家、畫家、雕塑家、版畫家、舞台設計師、作家，出名於法國，為立體主義的創始者，是 20 世紀現代藝術的主要代表人物之一。拉斐爾是「文藝復興三傑」之一，為畢卡索早期創作的根源。

後來畢卡索一生在追求什麼？立體藝術的真諦？還是一顆兒童般天真無邪純真的心？兩者皆是。若無童稚天真浪漫之心，何能創作出如此非凡的立體世界！

本節由「鯨魚在天上飛」作為創意的起點，旁及迷幻藝術，極簡主義，接著京都女孩登場跳舞，由畢卡索的立體主義和安迪·沃荷 Andy-Warhol 的流行藝術 POP 來著墨，還挑戰迷濛氛圍的魔法，藝術大師風格，還有精彩的如何查詢與活用 Midjourney 所提供的藝術家風格。

相當精采喔！許多魔法盡在其中，請勿失之交臂！

進入 https://www.midlibrary.io/styles，這是英文網站，部份瀏覽器支援按右鍵轉
換為中文，一共有 2251 種風格，提供不同的需求來套用，大家慢慢尋寶喔！

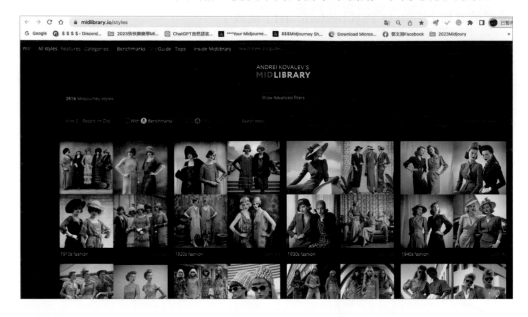

如果勾選紅色的「Only powerStyles」（只顯示威力風格），是指比較好用與
有說服力的風格，一共有二百多種風格。

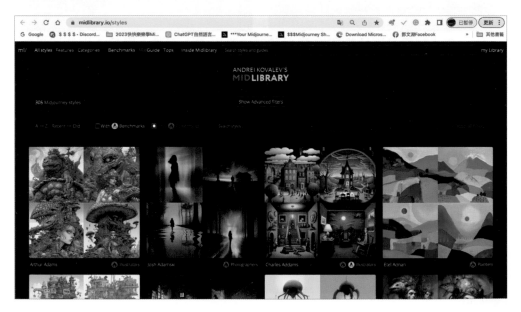

5-3-2　新海誠的鯨魚在天上飛（與極簡主義 Minimalism）

在介紹日本動畫大師新海誠之前，先來認識一些好玩的風格。假設生成一位可愛的小女孩和一隻快樂的小狗在交談的作品，可以這樣下提示詞：

/imagine prompt　A cute little girl is having a conversation with a happy dog .

很萌吧！如果要讓畫面更簡潔，可以使用**「極簡主義（Minimalism）」的風格，他會以更簡約和純粹的形式來表現作品的風格。**極簡主義不是虛無，是在畫面大量留白，把瞬間的感動化為永恆，如下示：

/imagine prompt　Style Minimalism , A cute little girl is having a conversation with a happy dog .

註 極簡主義 Minimalism
https://www.midlibrary.io/styles/minimalism

接下來，介紹一種神奇的魔術技巧，它會隨著主題的不同而搭配不一樣的背景，提示詞是：「DNA structure wallpaper in the background」

/imagine prompt　A cute little girl is having a conversation with a happy dog . DNA structure wallpaper in the background .

註 DNA structure wallpaper：DNA 結構壁紙。在壁紙（電腦桌面或手機背景）上使用 DNA 結構圖案或圖像的設計。通常以 DNA 的雙螺旋結構為基礎，具有科學或生物學的主題，用於裝飾背景。

果然背景每張都不同，好有趣喔。接下來把「極簡主義（Minimalism）」和 DNA 背景加上去，果然感覺又是大大的不同，讓畫面顯得更加高雅與簡約。

/imagine prompt　Style Minimalism , A cute little girl is having a conversation with a happy dog , DNA structure wallpaper in the background .

接下來採用**新海誠（Makoto Shinkai）**風格，相當有日本風格的青春氣息，更令人歡喜：

/imagine prompt　Style Makoto Shinkai , A cute little girl is having a conversation with a happy dog .

接下來試試加上極簡主義和 DNA 的壁紙背景，結果更是小清新！

/imagine prompt　Style Minimalism , Makoto Shinkai , A cute little girl is having a conversation with a happy dog . DNA structure wallpaper in the background .

生成圖片時總會感到意猶未盡，腦中構想一直催促著我們向前行，帶著我們一步一步往前行。如果有一位小孩和鯨魚，又會出現何等場景？

/imagine prompt　Style Minimalism , Makoto Shinkai , DNA structure wallpaper in the background . A cute little girl , a whale is flying in the sky --ar 3:2

真的是好夢幻啊！只是在這裡要提醒大家，這一張作品是花了好一番功夫，重複生成好幾次才得到的呢！如果把鯨魚換成小狗，生成的作品也不賴喔！

/imagine prompt　Style Minimalism , Makoto Shinkai , DNA structure wallpaper in the background . A cute little girl and a dog . --ar 3:2

5-3-3 京都女孩和風之美（與立體藝術 Cubism）

京都女孩散發著古典優雅的氛圍，細緻的和服和傳統的髮飾展現著她們對傳統文化的熱愛。接者就直接請 Midjourney 生成「京都女孩 The girls from kyoto」！

/imagine prompt   The girls from kyoto .

美是美卻感到有點直白，缺乏藝術之美，要不試試透過多角度與奔放色彩呈現美女畫作的畢卡索 (pablo-picasso) 風格！可以直接在提示詞輸入藝術家的名字：

/imagine prompt   Style pablo-picasso .

果然見識到這位立體派大師畢卡索的風格，畢卡索以幾何形狀和各種角度來描寫對象，將之置於同一個畫面之中，他認為以此方式可以表達對象物最為完整的形象。

如果想知道什麼是「立體主義（Cubism）」的風格，那就直接輸入提示詞：

/imagine prompt Style Cubism .

認識了立體派和代表人物之一的畢卡索 (Pablo Picasso) 的風格，接著試試以這樣的風格畫京都姑娘吧！

/imagine prompt Style Pablo Picasso , The girls from kyoto .

畢卡索所生成的居然是如此溫柔的風格，其實傳統京都女孩的嫵媚與柔情，那是畢卡索初期的畫作風格！

如果想要知曉畢卡索筆下的立體派京都美女會長成何樣，可以把畢卡索和「立體主義 Cubism」一起帶入提示詞，就成了！

/imagine prompt　　Style Pablo-Picasso , Cubism , The girls from kyoto .

如果把二種風格，或是一種風格主義的總名稱和該主義的一位代表藝術家一起帶入提示詞，Midjourney 就會自動來合成這二者的綜合風格，真是巧妙！

註 立體主義 Cubism：
https://www.midlibrary.io/search?query=Cubism%3A
畢卡索 Pablo-Picasso：
https://www.midlibrary.io/styles/pablo-picasso

5-3-4　京都女孩的流行藝術靈感（流行藝術 pop）

有一種風格叫做「**POP 流行藝術或波普藝術**」，是 20 世紀 50 年代中後期興起於英國和美國的藝術運動。通過包括來自流行和大眾文化的圖像，如廣告、漫畫書等等物品，對美術傳統提出了挑戰。代表人物是「**安迪·沃荷 Andy-Warho**」。最有名的代表作品是下面這一幅以鮮豔色彩和不斷重複的「瑪麗蓮夢露」圖像，風行一時。

瑪莉蓮夢露在 1962 年自殺身亡，隨後安迪·沃荷開始創作瑪麗蓮夢露系列，把雜誌封面的瑪麗蓮夢露擷取下來，用絹版印刷配色後，再複製出多幅圖像。

如果將京都女孩套用到 POP 藝術會生成多奇妙的作品呢？相當迷人呢，看哪！具有濃厚的東洋色調以及迷人的色彩，這就是 POP 藝術的引人之處。

/imagine prompt Style Pop-art ，The Ladies from kyoto .

再看下面這一例：

/imagine prompt Style Andy-Warhol , The Ladies from kyoto ,

提示詞中，風格改成「style Andy-Warhol」，一樣擁有鮮豔的色彩、平面化引人注目的視覺效果，結合使用大量重複的圖像或圖案呈現的特點。

接下來，將 DNA 背景加上去。

/imagine prompt Style Andy-Warhol , illustration of kyoto ladies , DNA structured wallpaper in the background , --ar 16:9

註 illustration 是插畫，希望圖片以插畫形式生成，而非攝影人物出現（如左下圖），採用 16:9 的橫幅比例，生成的圖片更有一番寬廣的氣勢。（如右下圖）

接下來，請京都女孩一定要穿上和服。

/imagine prompt　Style Andy-Warhol , illustration of Kyoto ladies , Kimono , DNA structure wallpaper in the background ,

註 Kimono：和服。

為了確保生成的京都女郎都能以和服出現，所以要跟 Midjourney 交代清楚，在提示詞加上「Kimono」才能與理想符合。日本的傳統和服不但設計令人驚艷，精緻的縫製過程以及色調的搭配，讓和服不僅僅是服裝，也是藝術。觀賞 POP 生成的和服搭配京都美人之美，真會令人陶醉其中！

人類所以會進步，是因為不斷有需求，所以各行各業一直在努力尋找創新之道，不管電玩，電影，設計，文創 ...... 都在力求日進千里的突破，包括我們這些 Midjourney 的小粉絲，也想要生成一張別人想不到的圖片！一個簡單的方法就是「整合」各種藝術風格，不必太燒腦，但也絕對不會腦殘！

以下結合「迷幻藝術 Psychedelic」與「DNA 背景」，這二者搭配很方便，也會帶來驚奇的視覺饗宴，你看！有夠讓人驚艷！（有需要就套用喔）

/imagine prompt Style Psychedelic art , Kyoto ladies , Kimono , DNA structure wallpaper in the background .

京都姑娘搭配「極簡主義 Minimalist」果然相當清爽，有和式的簡約典雅風格。

/imagine prompt Style Minimalist , Kyoto ladies , Kimono .

如果是一大群京都姑娘，會有怎樣的畫面？採用專長畫 1950 年代女學生的**澳大利亞畫家「查爾斯布萊克曼 Charles Blackman」**來創造細膩的情感畫面。

/imagine prompt Style Charles Blackman , a group of Kyoto ladies , Kimono , DNA wallpaper in the background .

5-3-5 讓畫面出現迷濛氛圍的方法之一： 提示詞的直接形容

迷濛中有何詩意？我問 ChatGPT，他說：

> 「在迷濛的中間，凝視著迷人的風景。如夢般的幻境，恍若仙境，將心靈彌漫。
> 沉醉於大自然的美，心靈與風景交融一體。景致如詩如畫，永遠留我心深處。」

而且 ChatGPT 還說：「很抱歉，Midjourney 模型並沒有直接提供生成迷濛效果的特定提示詞 …… 它無法直接生成特定的視覺效果或圖像。」

於是我只好「自力救濟」，請 ChatGPT 告訴我幾個關於霧的形容詞：

> In the thin mist：在薄霧中
> Amidst the dense fog：濃霧籠罩下
> In the scene enveloped by the mist：薄霧彌漫的景象中
> In the hazy landscape：迷濛的景色中

於是我直接把「薄霧彌漫的景象中 In the scene enveloped by the mist」和「濃霧籠罩下 Amidst the dense fog」當提示詞帶入 Midjourney 來看看效果，果然生成迷濛濃霧籠罩著的風景，如下面二圖：

還有，上次我問 ChatGPT 說「迷濛的氛圍」的英文，ChatGPT 回答說：

Hazy atmosphere

故事是這樣發生的，想要生成京都姑娘跳舞的美姿圖片，於是採用**比利時象徵主義畫家「讓德爾維爾 Jean Delville」**，突發奇想再搭配「浮世繪 Ukiyo-e Style」，生成圖片後，果然很令人滿意二種風格的搭配成果。

/imagine prompt　Style Jean Delville , Ukiyo-e , Tyoto dancing ladies , DNA wallpaper in the background . --ar 3:2

哇！生成的圖片真是夢寐以求的夢幻風格，這是先前所生成的精密清晰圖片所無法達到的妙境。此刻我在想著，如果能將此朦朧景況帶入國畫，豈不美妙！？

註 讓德爾維爾 Jean Delville
　 https://www.midlibrary.io/styles/jean-delville

因此，在採用「迷濛的氛圍 Hazy atmosphere」之後，決定在前端再加個「Amidst the dense fog：濃霧籠罩下」帶進去試看看，看會不會霧颯颯？第一位是**齊白石大師（Qi -baishi）**風格：

/imagine prompt Style Qi baish , Amidst the dense fog , Kyoto dancing ladies , Kimono , Hazy atmosphere , DNA wallpaper in the background . --ar 3:2

接著採用**「泰魯斯王 Tyrus Wong」亞裔好萊塢插畫家動畫大師**風格！

/imagine prompt Style Tyrus-Wong , Amidst the dense fog , Kyoto dancing ladies , Kimono , Hazy atmosphere , DNA wallpaper in the background --ar 3:2

註 泰魯斯王 Tyrus Wong 亞裔好萊塢插畫家動畫師
https://www.midlibrary.io/styles/tyrus-wong

再來比較一般正常狀況與「迷濛的氛圍 Hazy atmosphere」有何不同？在一般情況下，生成的圖片是清晰美豔的，一切動作表情一目瞭然。試試透過畢卡索（Pablo Picasso）風格來生成京都女孩跳舞的美姿！

/imagine prompt　Style Pablo Picasso , dancing ladies , Kimono　--ar 3:2

和上面同樣的條件，如果加上「迷濛的氛圍 Hazy atmosphere」，果然氛圍完全不同了！符合 ChatGPT 所說的：「在迷濛的中間，凝視著迷人的風景與人物。如夢般的幻境，恍若仙境，將心靈彌漫。」很奇妙吧？如何取捨就看生成的需要條件。盡情的舞吧！京都的女孩，盡情舞出你的靈魂，顛倒了世間眾生！

/imagine prompt　Style Pablo Picasso , Kyoto dancing ladies , Hazy atmosphere --ar 3:2

5-3-6　讓畫面出現迷濛的方法之二：停止生成 STOP

Midjourney 有一個參數，可以讓生成圖片的過程在某個時間停止下來，這個參數叫「停止生成 --stop」，可以在未達 100% 完成前就停止作業，讓畫面在尚未生成完整清晰的圖片前就停止，此時是比較模糊的圖像、細節也較少。也就是說，可以讓你決定要在執行多少百分比的時候停下來。

本例的景緻是這樣的：「（義大利畫家）莫蘭迪風格，京都女士，和服，傘，走在一片茅草屋群（合掌屋）中，日本鄉村，細雪。」

/imagine prompt　Style Morandi , Kyoto lady , Kimono , umbrella , walk in a cluster of thatched-roof houses , the Japanese countryside , fine snow --stop 60 --ar 3:2

如果把「--stop 60」去除，生成的圖片的人物和景緻是清晰的。

> **註** 莫蘭迪（Giorgio Morandi）義大利畫家，畫家中的僧侶，一生靜觀一物，創造「莫蘭迪色」。要帶入提示詞，可直接輸入畫家名字「Style Morandi」就可以了。

再採用畢卡索 Pablo Picasso 風格生成一幅在合掌屋聚落中跳舞的京都女孩，應該蠻有期待值吧。這一題可作為測試 --stop 的提示詞範本。

/imagine prompt Style Pablo Picasso , Kyoto ladies , Kimono , umbrella , dancing in a cluster of thatched-roof houses in the Japanese countryside , fine snow --ar 3:2

使用包含 --stop { 35，45，55 } 的提示詞，可以一次完成三個測試，分別是在生成 35%，45%，55% 時的圖片變化。百分比愈高，完成的比例愈高愈清晰。

/imagine prompt Style Pablo Picasso , Kyoto ladies , Kimono , umbrella , dancing in a cluster of thatched-roof houses in the Japanese countryside , fine snow . --stop {35 , 45 , 55} --ar 3:2

上左：35%
上右：45%
下 ：55%

5-3-7　如何查詢與活用 Midjourney 所提供的藝術家風格？

要活用 Midjourney，以及想藉此認識及應用各類藝術風格或藝術家的畫風來創作的方法有下面幾種：

1. 如前述，進入 https://www.midlibrary.io/styles 查閱各式風格。
2. 直接輸入藝術家名稱或是作品的英文名稱，這個方法通常使用在風格總表查詢。注意，用中文是行不通的。

例如：海賊王「One Piece」和作者尾田榮一郎「Eiichiro Oda」都可以查詢到。

然而，灌籃高手的作者井上雄彥「Inoue Takehiko」，卻查詢不到，輸入「slam dunk」也查詢不到，沒關係，這麼有名氣，Midjourney 是不會疏忽的！怎麼辦？

只要直接在 Midjourney 直接輸入灌籃高手的英文書名「slam dunk」。果然生出圖片，表示以後可以直接以「slam dunk」帶入提示詞，就可生成了作品。雖然看起來像是洋將，不像是漫畫的主角，但總算證明這是個可用的提示詞。

/imagine prompt　slam dunk .

Midjourney 帶給我們無限想像,激發創意與爆發力。現在想說,如果將灌籃高手的漫畫家請來畫龍貓,不知會有怎樣的畫風?那就下提示詞吧!

/imagine prompt　Style slam dunk , Totoro

註 slam dunk 灌籃高手,在英文的一般用法,意思是:灌籃、扣籃、灌籃、輕鬆獲勝、輕鬆擊敗(他人)。

如果,新海誠來繪製灌籃高手,又會怎樣的造型呢?

/imagine prompt　Style Makoto Shinkai , slam dunk

同理,直接用 One Piece 就可以知道有沒有海賊王的藝術風格:

/imagine prompt　One Piece

註 其實「One Piece」的英文是「一件式洋裝」之類的意思。但在動漫迷而言,one piece 是「海賊王」!在「海賊王」故事中,one piece 是大秘寶的代稱。

以上，運用之妙存乎一心，擁有此釣魚的技術，你就可以在 Midhourney 中遨遊！

有了這樣的概念，就可以「混搭」藝術風格，來生成意想不到的的驚喜！首先來測試極簡主義（Minimalism）與漫畫家所生出的花火！

極簡主義分別搭配海賊王和灌籃高手，可以一次生成二組圖：

/imagine prompt Minimalism , Style { One Piece , Slam Dunk } --ar 3:2

註 排列提示：在大括號 {} 內分隔選項列表，以快速創建和處理多個提示變體。

執行之後，一次生成二組作品，依序是海賊王、灌籃高手的極簡主義。

執行結果如下，很酷吧！

如果要生成龍貓，可以在大括弧內加上「Totoro」。

5-3-8　如何邊做邊學，克服困難向前行？

Midjourney 之所以令人著迷，就是可以透過持續的創意改變，逐步生成一直以來夢寐以求的作品，而且 Midjourney 有幾千種的藝術風格讓你來挑選，事半而功七百倍。只是我們看到網站上的經典作品，那也不是簡單下個提示詞就可以完成的，其中也包含不知多少智慧以及千錘百鍊的測試呢！

接著再來賦予不同的風格，看看會如何驚艷。附帶說明的是在上一篇的提示詞加上「Style」（以 ... 風格）主要目的是向 Midjourney 說清楚講明白，大括弧｛｝內的 One Piece，Slam Dunk，Totoro，可都是大畫家的作品名稱，不要搞錯了！否則若沒加上 Style，可能「one piece」會直接解讀為「一件式洋裝」（左上圖），而灌籃高手「Slam Dunk」會被生成 NBA 球員的灌籃姿態呢！（如右下圖及下下圖所示）真會貽笑大方喔！有時候甚至會跑出蜘蛛人呢！不知該高興還是搖頭輕嘆息！不信你看下圖！看來與 Midjourney 的溝通方式，我們自己還要加強喔！

/imagine prompt　｛ One Piece , Slam Dunk ｝.

左上：One Piece
右上：Slam Dunk
右：Slam Dunk

用 POP 流行藝術來為這三部動漫添加流行氛圍。

/imagine prompt Style { Totoro , One Piece , Slam Dunk }, POP art .

註 Totoro 和 One Piece , 請自行測試執行結果！謝謝！ Slam Dunk 的結果如下：

初步看來好像粉簡單，但是灌籃高手的造型好像不是日本湘北高中的選手。關於這一點，到現在為止還沒想到解決方法，也許慢慢會浮現出靈感！因為這整個三合一的排列提示，有時會讓 Midjourney 精神有點錯亂也說不定！接著，合併 POP 流行藝術和 DNA structure wallpaper in the background 來試試看！

/imagine prompt POP art , DNA structure wallpaper in the background , Style { Totoro , One Piece , Slam Dunk } --ar 2:3

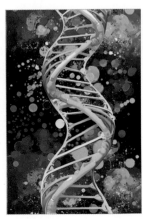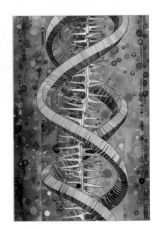

天啊！這是什麼跟什麼？上面的執行的結果又再次摃龜了！！！仔細再讀幾次提示詞，好像也些頓悟了！果然找到了產生問題的「兇手」，是不是把 DNA 背景「DNA structure wallpaper in the background」放得太前面了？所以生成 DNA 的圖片，那該怎麼辦？不就把順序調一下就好了？

/imagine prompt　Style { Totoro , One Piece , Slam Dunk }, POP art , DNA structure wallpaper in the background . --ar 3:2

看來有好一點，龍貓總是最乖巧，但是海賊王和灌籃高手還是有些落差？怎麼辦？現在還想不到解決的方法，這個專案暫且擱置一下！不然一直生圖會花很多冤枉錢呢！

之所以願意把這個血淋淋的心路歷程獻醜與大家分享，最主要是讓大家知曉各種變通的方法，才能用來生成你自己手邊的圖片！

「不經一番寒徹骨，哪來梅花撲鼻香！」一步一腳印，看看我們跌跌撞撞的過程，各位應該就會更有信心來與 Midjourney 交心，也會更有把握達標！

加油！

接下來想生成更進一步的具有震撼力的圖片，那就得依賴「迷幻藝術 Psychedelic art」和「DNA structure wallpaper in the background」DNA 背景囉！不入虎穴焉得虎子！衝！

/imagine prompt Style Psychedelic art , Style { One Piece , Slam Dunk , Totoro } ，DNA structure wallpaper in the background --ar 2:3

果然很令人驚訝！與想像完全大不同，現在要怪誰呢？經過了許多次的挫敗，甚至想出佔用比，不要讓 DNA 背景太過出頭天，乾脆把它去掉，可是有用嗎？

/imagine prompt Style Psychedelic art , { One Piece , Slam Dunk , Totoro } --ar 2:3

如同上式，將 DNA 背景拿掉，結果還是摃龜！看來這迷幻藝術功力超強無敵！

其實在測試時，都是一次生成一個圖片來測試，最後有把握時再來實現一次生成三個，以免一次共摃三次龜，花錢如流水！

當挫折時，可以去散散步放鬆一下心情，到 Midjourney 看看別人的作品，或是再把提示詞和參數等等仔細研究一番，說不定靈光乍現時，問題就會迎刃而解！

不然將繪畫擺優先，迷幻擺後邊，然後再加上「::」雙冒號咒語，來決定生成佔比。出現結果還是不理想，除了龍貓好些，其他都不成形！

/imagine prompt　Style { One Piece , Slam Dunk , Totoro }::2　Psychedelic art ::0.5 --ar 2:3

那只好再加料啊，加上「comic 漫畫」，海賊王就不會在出現一片式洋裝的美少女了！可是 NBA 球員還是繼續存在！

/imagine prompt　Style comic , { One Piece , Slam Dunk , Totoro } ::2　Psychedelic art ::0.5 --ar 2:3

最後的關鍵問題出現了，為何灌籃高手生成的都是 NBA 球員，而不是日本的球員！

對喔！「日本的」只有自己腦海認定，你可沒告訴 Midjourney 啊！笨！笨！笨！（誰笨？）

於是就加上 Japanese 來指名這是日本漫畫啦！（一開始就下咒語不就好了！）

/imagine prompt　Style Japanese comic { One Piece , Slam Dunk , Totoro } :: 2 Psychedelic art ::0.5. - -ar 2:3

註　此次結果相當完美，請讀者自行測試。因礙於版權問題，此次無法刊出，乞諒。

你看！這不是一切搞定了嗎～好簡單喔！日本湘北高中的灌籃高手終於姍姍來遲了！

那你早麼不早說？你怎麼不早一點想到！那你怎麼想到的？其實是半夜起來如廁，靈光突然一現的！是誰顯靈啊？上帝？媽祖？佛祖？阿拉？

最後應該做個結束，把 DNA 背景也一起放上來應該沒問題了吧！功德圓滿！
自信滿滿，萬無一失！

/imagine prompt　Style Japanese comic { Totoro ,
One Piece , Slam Dunk , } ::2 , Psychedelic art ::0.5 ,
DNA structure wallpaper in the background 0.5 --ar
2:3

天啊！由於結合迷幻藝術和 DNA 背景這二種巫
術，這「日本漫畫灌籃高手」竟又失守了，跑來莫
名其妙的北斗神拳（還是 ...) 嗎？（右圖）

好吧！再把意念集中，這是「籃球」漫畫而不是拳擊漫畫，那不就了得，加上
籃球「Basketball」不就了得了！所以分成二次來生圖。

第一次以日本籃球漫畫 Japanese basketball comic 生成灌籃高手 Slam
Dunk。

/imagine prompt　Style Japanese basketball comic Slam Dunk , Psychedelic art
, DNA structure wallpaper in the background --ar 2:3

第二次以日本漫畫 Japanese comic 生成龍貓與海賊王。果然都成功了！

/imagine prompt　Style Japanese comic , { Totoro , One Piece } , Psychedelic
art , DNA structure wallpaper in the background --ar 2:3

註 本頁礙於版權問題，此處無法印出執行結果，請自行測試，一定很滿意！謝謝！

在將灌籃高手解決之後，將龍貓與海賊王合併生成之後，總算全員到齊了！

至於本節一開始介紹的 POP 流行藝術的應用，最後遇到的問題和上面遇到與解決的情形大略相同，分開來解決，龍貓辨識度高，加上「日本漫畫 Japanese comic」更不會變形，所以沒問題，可以融合 POP 流行藝術與 DNA 背景：

/imagine prompt Style Japanese comic , Totoro , POP art , DNA structure wallpaper in the background --ar 2:3

海賊王只要加上「少年漫畫 comic for boys」則輕騎過關。

/imagine prompt Style Japanese comic for boys painted by One Piece , POP art , DNA structure wallpaper in the background --ar 2:3

至於灌籃高手要加上「日本籃球漫畫 Basketball」就一切 OK。

/imagine prompt Style Japanese basketball comic , Slam Dunk , POP art , DNA structure wallpaper in the background --ar 2:3

註 礙於版權問題，本頁無法印出執行結果，請讀者自行測試！謝謝！

喜愛動漫的熱血少年，經由本節的基本教練，應該可以由發想至逐步改良，而逐漸了解提示詞的寫法要訣，練就自身的功力！

加油！

5-4 從李白的《靜夜思》 到李清照的《如夢令》

美，像人間一個最深情的淑女，當人們無論心懷何種悲哀時，她第一時間會使人得到他所希望得到的那種溫情和安慰，而且毫不費力。

——林風眠（Lin Fengmian）

林風眠，中國近現代美術的啟蒙者和融合中西的中國現代繪畫開創者之一，他的一生波折起伏，1928 年創立杭州國立藝術院任校長兼教授。擔任杭州國立藝術院院長，當今畫家趙無極、朱德群、吳冠中、席德進 ... 等，都是他的學生。

在本節中可謂充滿東方詩詞的意境，試想多少朗朗上口的詩詞，李白的《靜夜思‧床前明月光》、孟浩然《春曉‧春眠不覺曉》、馬致遠《天淨沙‧秋思‧枯藤老樹昏鴉》、竟然還有李清照《如夢令‧常記溪亭日暮》都可以藉由 Midjourney 與 ChatGPT 的合作，加上我們的巧思，居然可以一一化為場景圖像，身歷唐詩宋詞元曲的意境，實在是太感動了！

學會了這幾首詩，你自己也可以把心愛的詩詞生成詩中的境界喔！精彩無比！

5-4-1　詩中有畫──唐朝李白《靜夜思》

上面這一幅畫是由 Midjourney 生成的，請用一首古詩來形容，大家一定會很快的回答：唐代大詩人李白的《靜夜思》。

「床前明月光，疑是地上霜，舉頭望明月，低頭思故鄉。」

真的是由 Midjourney 生成的？絕對是的。那提示詞呢？且讓我慢慢道來，因為要了解生成這張圖的心路歷程，大家才能夠舉一反三。

首先要將這首詩翻成白話文（可以自翻，請 ChatGPT 協助，或查詢 Google）

「床前灑滿皎潔的月光，朦朧中我以為地上有霜。可是抬頭望著，圓圓的秋月，情不自禁想起故鄉。」

然後請 ChatGPT 翻成英文：

「The bed is bathed in the bright moonlight, and in the haze, I mistook it for frost on the ground. But as I look up, the round autumn moon shines, and I can't help but yearn for my homeland.」

註 bathed：沐浴。　haze：朦朧。　Frost：霜。　yearn：嚮往，思慕。　homeland：家鄉。

翻譯得簡單易懂，如果你不滿意當然可以請他再翻譯一次。

接下來就直接複製英文翻譯，帶入 Midjourney 貼上，就會生成這樣的圖片，以月光為主的荒郊野外，好像跟詩意差很多呢，一定是自己沒交代清楚，也可能彼此溝通不良，這麼美好的意境，如果 Midjourney 一次就完成了，那不用李白了！

事後檢討：時空不對，沒交代清楚，那是李白躺在床上啊！我們當然很清楚，可是 Midjourney 是"老外"，要告訴他啊！腦海中的鏡頭可以隨時轉折，由床上轉到室外再轉到天上明月光，我們清楚得很，Midjourney 卻昏頭轉向，只能「擇要」生成，以至於經常會「牛頭不對馬嘴」。所以接下來**不要光講那些充滿詩意的境界，要抓住所有現實的重點！**於是，就改成重點提示，由 Midjourney 來生成。這是要先釐清的觀念與事實。

重點如下：

中國古代詩人，床，月光，朦朧，故鄉。

/imagine prompt Ancient Chinese Poets , bed , bright moonlight , haze, homeland .

結果如何？當然每一張都美得冒泡，不信你看，哇！還可以當書籤喔。

有點鬱卒的是，連一張床都沒看到？那就把「bed」移到提示詞的最前面，結果竟是這樣，床和月光的組合像是拍鬼片「月光光心心慌」，還跑出動漫造型的小女生在床沿看漫畫，背景是摩天大樓！天啊！我對不起宇宙玄黃天地神明啊！

痛定思痛，冷靜下來，千錯萬錯，都是自己的錯啊！再仔細檢討一下細節：

你有說是「一位古代的詩人睡在床上嗎？」「沒有！」（連這也要講嗎？）

你有說「月光照在床前嗎？」「沒有！」（這不要講你也要知道要說清楚）

好！該講的都沒講，那就補一下提示詞吧！否則就像一開始的提示詞，如此「提示詞有表達思鄉意」，卻無描述片場情景（詩人賴床？），你剛才把自己寫的這個「爛腳本」交給一位外國導演來拍攝，那一定生出剛才的牛頭不對馬嘴的錯亂時空背景。

問題找到了，總算有了眉目，那就鋪陳「一位古代的詩人睡在床上，月光照在床前。」請 ChatGPT 翻成英文，選定由「水墨畫 Brush pen drawing」完成，再加上提示詞：

/imagine prompt　　Style Brush pen drawing , A poet from ancient China is sleeping on the bed, with the moonlight shining brightly in front of the bed . In the hazy atmosphere, he mistakenly believes there is frost on the ground .

註 In the hazy atmosphere：朦朧的氣氛中。　　mistakenly：誤以為。

看吧！詩人果然躺在床上沈睡入夢，也不知有沒有在思鄉，看起來很像就是了！一輪明月高掛窗外，這種氛圍還蠻好的，只是詩人睡狀不是很好看，選取一張覺得很不錯的圖片來用，如本節一開始的圖片。這就是生成的艱苦歷程。

因此，要為中華詩詞生成圖片，不要只是太著迷於詩中的意境，要能細加品味之後，回過神來，就現實情境來描繪給 Midjourney 來生成，才不會多走冤枉路。

在圖片生成的過程中，應該多少會意外生出許多無法掌控的圖片，有些啼笑皆非，有些雖不符合題意，但是卻可以「將錯就錯」收集起來，可用圖片來寫詩，也可以應用到其他地方。

因為在生成過程中，曾經想把詩句拆成「床前明月光，疑是地上霜。」和「舉頭望明月，低頭思故鄉。」二段來生成圖片，所以才會有了這些看來不錯的雜片。

以下就是這些生成過程中的一些片段，提供給大家參考：

5-4-2　詩中有畫——唐朝孟浩然《春曉》

有了上一節李白《靜夜思》的生成圖片的經驗，能生成一幅典雅的古詩詞圖片是以往所無法如願的，AI 時代真好。

這次來試試孟浩然《春曉》：

「春眠不覺曉，處處聞啼鳥。夜來風雨聲，花落知多少。」

雖然詩句已很白話，但仍請全能的 ChatGPT 幫我們白話翻譯一下：

「春天的夜晚酣睡，不知不覺天亮了，耳畔傳來的是處處歡叫的鳥兒啼聲。想起了昨夜聽到連綿不斷的風聲雨聲，不知有多少花兒被打落了！」翻成英文是：

On a spring night , I fell into a deep sleep , unaware that dawn had arrived . The sound of birds chirping joyfully filled my ears. It reminded me of the continuous sound of wind and rain I heard last night, wondering how many flowers had been knocked down.

這次，不再呆呆地把整句當提示詞，而是先執行一半，簡化修改一下句子，採用毛筆畫 Brush pen drawing 風格。

/imagine prompt　Style Brush pen drawing , On a spring morning , the ancient Chinese poet sleep on bed , the sound of birds chirping joyfully .

提示詞的詩人並未指定是男生或女生，但多情的 Midjourney 覺得搭配女詩人，會營造更柔美的畫面，不論彩色或黑白看來都是如此。

接下來是下一句：「夜來風雨聲，花落知多少？」一樣採用「毛筆畫 Brush pen drawing」風格生成。

/imagine prompt　Style Brush pen drawing , Wind and rain , A poet from ancient China , The flowers in the garden are broken .

下半句生成的圖片與詞意不太搭配，也覺得與前半句無法搭配。怎麼辦？試試其他藝術家風格！

因為所生成的照片覺得風格不連續，於是想再請藝術家「林風眠 Llin-fengmian」 來操刀。果然同一句提示詞，竟然生成不一樣情境的圖片，在此又得到了好經驗。同一個風格的圖片，可以拿來製作繪本，或詩詞意境連作，也是不錯的！

/imagine prompt　Style Llin-fengmian , On a spring morning , the ancient Chinese poet sleep on bed , the sound of birds chirping joyfully .

/imagine prompt　Style Llin-fengmian , Wind and rain , A poet from ancient China , The flowers in the garden are broken .

5-4-3 詩中有畫——元朝馬致遠《天淨沙．秋思》

「枯藤老樹昏鴉，小橋流水人家，古道西風瘦馬。夕陽西下，斷腸人在天涯。」

這首《天淨沙》讀起來特別有畫面，作者馬致遠是元代初期雜劇作家，名列「元曲四大家」，果然不是浪得虛名。一共只有五句二十八個字，全曲沒有一個「秋」字，但卻描繪出一幅淒涼動人的秋郊夕照圖，並且準確地傳達出這位斷腸人眼目所及和悽苦的心境。是一首成功的曲作，只是 … 能生成圖片嗎？

這次把 ChatGPT 翻成的譯文直接帶入，採用「中國水墨（毛筆）Chinese ink brush」 風格來生成。

/imagine prompt Style Chinese ink brush , Withered vines , old trees , and crows at dusk ; A small bridge , flowing water , and homes nearby , A heartbroken soul , wandering at the edge of the world .

你看！生成的圖片都有枯藤，老樹、昏鴉，有小橋流水的淒清景緻，一群昏鴉帶來的感受更令人覺得淒清不已，很能帶來斷腸人的感受，可是斷腸人呢？不見蹤跡！看來必須另起爐灶，專為古道西風瘦馬和斷腸人來生成另一張圖片吧！

把後半段的譯文直接套用，重點是古道，西風，瘦馬和斷腸人。

/imagine prompt　Style Chinese ink brush：Ancient road， west wind and thin horse and A heartbroken soul, wandering at the edge of the world.

果然有了，古道，西風，瘦馬和斷腸人，崎嶇的道路，倒也訴說了命運的多舛。

初步完成了功課，好想再利用這樣淒清的景緻意境，來生成幾幅感動的作品，國畫所著重描繪的是：事物的意義與神韻，所以在題材的選擇上，特別著重意境的深遠。那就得不斷的嘗試，更改提示詞，更改作畫方式，直到滿意為止！

大家一定很急著想知道上面這幅圖片的提示詞，不同的是加上：「haze 朦朧」，「一位劍客騎在馬上 a swordsman riding on a thin horse」還有「--ar 16:9」，重要的是採用藝術大師「吳冠中 Wu Guanzhong」風格！

/imagine prompt Style Wu Guanzhong , Withered vines, old trees , and A flock of crows at dusk ; A small bridge , flowing water, and homes nearby , haze , Ancient road , A swordsman riding on a thin horse , --ar 16:9

這四張風格不太相同的圖片，都有劍客騎在馬上，迷濛的景緻，大抵可以滿足我們的需求，只是枯藤老樹昏鴉都不見了！

藉由 Midjourney，不僅能生成具有藝術性的作品，還能感受到 AI 創意帶來的無限魅力。這項技術靈活多變，總是能給人帶來耳目一新的驚喜。

好不容易生成一個意境高遠的圖片，那就把握機會多重新生成幾張吧！

使用同樣的提示詞，還可以生成這樣遼闊的視野，帶來意外驚喜！

如果圖片比例改成「--ar 9:16」，可以生成下列的圖片，別有洞天之處，如果不去冷靜分析是否符合《天淨沙》的描述，就是純粹欣賞圖片的意境也粉不錯呢，畢竟真正想要生成這樣的圖片，光是風景的描述就可能要下一番苦心了！

5-4-4　宋朝李清照《如夢令·常記溪亭日暮》

「常記溪亭日暮，沉醉不知歸路。興盡晚回舟，誤入藕花深處。爭渡，爭渡，驚起一灘鷗鷺。」

宋代女詞人李清照著名作品，令人沉吟至今，也是詞中有畫，問題是 Midjourney 有能力生成這樣一幅看來有點情境複雜的畫嗎？其實是自己有沒有能力，不能賴給 Midjourney。就像一部特斯拉好車，能開多快多久，那就要看駕駛的人囉。

先來把這首詞的意思摸清楚吧！

開頭兩句，寫出傍晚了，沉醉（李清照有些小醉酒）興奮之情，要回家，偏又誤入荷塘深處，李清照不用著急（不用回家煮飯），她沈醉於美景之間，流連忘返，反而純潔天真在賞鳥，這才是真正的放下。以女詞人特有的方式表達了她早期生活的情趣和心境，洋溢着生活的氣息和歡快的旋律，境界優美怡人，給人十分美好自然的享受。真是羨煞多少生活忙碌的現代人們。

還是要請 ChatGPT 來幫我們英譯：

/imagine prompt　At dusk, I often linger at the XiTing pavilion, lost in its beauty and forgetful of my way home . As the boat turns back in the late evening, I accidentally venture into the midst of lotus flowers , I hurry to cross the river, stirring up a flock of egrets and herons in fright.

註 dusk：黃昏。　linger：徘徊。　dusk：黃昏。　linger at：流連於。　XiTing：溪亭。　pavilion：亭。　accidentally venture：意外的冒險。　midst：中間。　lotus：蓮花。　stirring up：撥動。　flock：群。　egrets and herons：白鷺和蒼鷺。　fright：驚嚇。

經過幾次和 Midjourney 合作之後，覺得最好先替他整理出具體的資料，**不需要冗長的感情描述，要簡單扼要卻具體的重點描繪我們需要的畫面資料**，彼此的 "工時" 才不會太長，於是就自告奮勇整理如下：

中國古代藝術家仇英風格，中國水墨畫，夏天，池塘，翠綠色的蓮葉、幾個人坐在一艘船上，陽光，閃爍的水面，蓮花盛開，留白，寫意的筆觸，一抹青藍色、壁紙。比例 3:4。

/imagine prompt　Style Chinese ancient artist Qiuying , Chinese ink panting , summer , pool, jade-colored lotus leaves , several people sitting on a boat , shimmering water , lotus bloom , blank-leaving, freehand brushwork , one green and blue color --ar 3:4

註 qiuying：仇英，中國明代畫家，清明上河圖是代表作。

jade-colored：翠綠色。

shimmering water：閃爍的水面，波光粼粼。

blank-leaving：留白，是中國畫的藝術表現手法，預留空白不是空無，而是無物勝有物，無畫處皆成妙境，使畫面有個喘息的所在，賞畫也比較悠閒。

freehand brushwork：寫意繪畫。

左下圖為上一個提示詞所產生的圖片。右下圖為同一個提示詞,採用國畫大師徐悲鴻 (Xu Beihong) 風格,化出不同的氛圍,有他自己的風格,但畫面都有留白。

接下來,用同一個提示詞,加上「日暮 sunset」,把 several people 改成 several chinese women,說清楚講明白,此時採用日本水墨動漫大師「新川耀司 Yoji Yamamoto」風格來試試看,果然別有一番滋味在心頭!

/imagine prompt Style Yoji Yamamoto , sunset , pool , jade-colored lotus leaves , several chinese women sitting on a boat , sunlight , sparkling water , lotus bloom , a group of egret in the sky , blank-leaving , one green and blue color --ar 3:4

上述這樣的結果，缺少了涼亭，鷗鷺，這次採用吳冠中（Wu Guanzhong）大師的風格。

/imagine prompt　imagine by Wu Guanzhong , sunset , a group of egret in the sky , pavilion, sunlight, lotus blooming in the lake, several ancient women in a small boat , blank space. --ar 3:4

註 sunset：日落時分，畫面就很有落日的氛圍，讓人想回家的感覺 Pavilion：涼亭。

a group of egret：一群白鷺，因為擔心 Midjourney 沒看到我們很需要鳥兒來搭配，所以加以強調。

serval Ancient Women in a Small Boat：幾位古代婦女安坐小舟中，以免畫出現代女性。

Blank Space: 留白，在畫作中留出空白的空間，讓畫面不擁擠，閱者賞心悅目。

總之，如果能把李清照《如夢令·常記溪亭日暮》生成圖片，對於其他詩詞，應該就有能力來完成了！

試試看！找一首自己喜歡的詩詞來生成圖片！加油！

5-5 Midjourney 在抽象與水墨畫之間來去自如

> 如果有位畫家看到的色彩和別人不同,其他畫家會說他是瘋子。
>
> ——梵谷 (Vincent van Gogh)

這位荷蘭偉大的藝術家,梵谷,一生鬱鬱不得志,生平只賣過一張畫,窮苦困頓中不改其志,就是立志且充滿信心的要畫下他眼中最美好的景物,對繪畫熾熱的情感‧張力萬端的揮灑在畫布上,讓後世的人們見之動容,也感慨萬端。

本章最後一節,安排大家倘佯在不可思議的抽象畫中悠遊,Midjourney 在藝術方面的能量十足讓人敬佩,從上一節的古詩詞,到本節的抽象畫都有這樣深深的感觸、感恩與驚喜。

本節介紹了抽象畫 abstract 的魔法,也說明抽象畫居然不用指定內容,只需風格,Midjourney 的吸星大法自然可以揮灑自如。而抽象畫的水墨風格應該是我們東方藝術愛好者夢寐以求的,還有在抽象與具體之間的水墨風格,應該是在別的地方看不到的魔法秘方喔!我們的用心,在閱讀之後應該可以理解與運用!

5-5-1　抽象畫 abstract

本章最後一節想跟各位一起研究如何畫出我們看不懂的抽象畫？才更能顯示 Midjourney 對藝術創作的無所不能。

在 這 方 面，Midjourney 有 抽 象 主 義（Abstract art）和 抽 象 表 現 主 義 （Abstract expressionism）風格，還有幾位抽象畫家的風格來讓我們採用。

抽象主義 Abstract art 是一種使用形狀、形式、顏色和線條的視覺語言，來創造一種不倚賴世界視覺實際的形象作為參考的構圖。

抽象表現主義 Abstract expressionism 是二戰後美國繪畫的藝術運動，於 1940 年代在紐約市發展起來。這是第一個獲得國際影響力並使紐約成為西方藝術世界中心的美國運動。不按照實際形象來畫圖，只注重構圖色彩與情感。

先來寫一個抽象繪畫的提示詞：抽象藝術、油畫、柔和色調、靛藍染料、金色、質感繪畫（光澤與質感紋理）。

/imagine prompt　Style Abstract art , oil painting , Soft tones , Indigo dye , gold color , textured paint .

厲害吧！有油畫的光澤，質感與紋理，還可看到厚度，以靛藍和金色為主，畫出好像有某種秩序，你看不出是什麼，卻是很耐看的抽象畫。

在 https://www.midlibrary.io/feature/abstract
網頁，可以找到許多抽象畫家，選一位你
喜愛的風格，例如「威廉德庫寧 Willem
de Kooning」，然後"隨意"幾個主題
（男人，女人和月亮），請他畫出來。

以女人、男人和月亮為主題來畫出抽象畫，提示詞如下：

/imagine prompt　Style Willem de Kooning , woman , man , moon , Abstract
art .

接下來以山、海、房子和宇宙為主題，畫出抽象畫。提示詞如下：

/imagine prompt　Style Willem de Kooning , mountain , sea , house , Universe ,
Abstract art .

很驚奇吧！有些部分可以帶些具象，可以完全抽象，不用指定色彩筆法，只
要你事先選定抽象風格或畫家帶入，就可以生成該風格的抽象圖片了！

 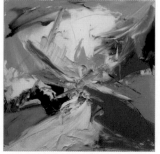 

5-5-2　抽象畫 abstract 不用指定內容，只需風格

風格派 De Stijl，也被稱為 Neoplasticism，是 1917 年在萊頓成立的荷蘭藝術運動。成員由藝術家和建築師組成，以線條色塊和建築為風格。

/imagine prompt　Style De Stijl , Cover , wall , architecture. Abstract art .

喜歡這種風格的朋友可以自己免費設計喔！

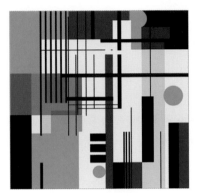 

「拉烏爾德凱瑟 Raoul De Keyser」是一位比利時畫家，以在他的抽象繪畫和素描中使用顏色、筆觸和手勢標記而聞名。

/imagine prompt　Style Raoul De Keyser , Abstract art .

Midjourney 對藝術所累積的風格以及花費的苦心，實在令人讚佩！

5-5-3 抽象畫的水墨風格

人類科技的偉大發明，有時是在偶然之間完成的，當然在這之前有要累積相當的苦心與專注。下面這一則提示詞是偶然地套用，因為很早就對「禪畫」也無比的憧憬與奢望。沒想到因為抽象畫而得以進入此門檻。

/imagine prompt Style Raoul De Keyser , color white , black , moon , cloud Brush pen drawing , Abstract art .

註 cloud Brush pen drawing：雲彩刷筆畫是一種以雲朵為主題的繪畫技法，通常使用刷毛筆或者彩墨筆來完成。

原本也只是沿用抽象風格的藝術家 「拉烏爾德凱瑟 Raoul De Keyser」和「雲彩刷筆畫 cloud Brush pen drawing」，並將心中的願望虔誠的加了上去，使用黑與白色彩，主題是月亮與雲，使用水墨來畫出抽象風格。天啊！夢想的初步達到了！

把提示詞的白色 white 改為紅色 red，月亮 moon 改為太陽 sun，結果氛圍大不同！

水墨禪 Zen 的遐思，禪是一種古老的禪修和冥想實踐方法，以實現內在的覺知和覺醒。可以生成圖片嗎？先用黑白加上高貴的金色來表現。

/imagine prompt Style Raoul De Keyser , color white , black , gold , Zen , cloud Brush pen drawing , Abstract art .

註 cloud Brush pen drawing：雲彩刷筆畫是一種以雲朵為主題的繪畫技法，通常使用刷毛筆或者彩墨筆來完成。

接下來以黑白來表現抽象的禪意。

/imagine prompt Style Raoul De Keyser , color white , black , Zen , cloud , Blurry Brush pen drawing , Abstract art .

註 Blurry Brush pen drawing：模糊的刷筆畫是一種繪畫技法，可以使用刷毛筆或者其他類型的筆來創造出模糊、模糊不清的效果。

5-5-4　在抽象與具體之間的水墨風格

想要生成「樹枝孤鳥」的意象，加上金色，把主題改為「長長的枯枝上的一隻孤鳥 A solitary bird perched on a long withered branch」。本頁二組抽象風格的圖片，生成的圖片並非完全抽象，但因有抽象風而有不同的觀感。

/imagine prompt　Style Raoul De Keyser , color white , black , gold , A solitary bird perched on a long withered branch , Blurry Brush pen drawing .

雷蒙茲·斯塔普蘭斯 (Raimonds Staprans) 是一位拉脫維亞裔美國畫家，以其風景畫、靜物畫以及光與色的表現而聞名。顏色是因畫家本身風格所加上的。

/imagine prompt　Style Raimonds Staprans , color white , black , lotus , cloud , Blurry Brush pen drawing , Abstract art .

利用上面的提示詞「公式」，可以套用到其他想要生圖的目標，也可以改變抽象畫家，調整任何顏色，這樣就變化無窮了！在具象與抽象之間，人們也許比較容易接受！下面以可愛的小女孩和貓狗跳躍為例，生成圖片。

/imagine prompt Style Raoul De Keyser , color white , black , Indigo dye , gold , Asia cute Jumping little girl , cloud , Blurry Brush pen drawing , Abstract art .

/imagine prompt Style Raoul De Keyser , color white , black , Jumping kitten and puppy , cloud , Blurry Brush pen drawing , Abstract art .

一樣看花兩樣情，最後以台灣傳統農村金黃色稻田的風光，採用二位抽象畫大師的風格來生成圖片並作比較，喜歡繪畫的朋友可以用此畫風學習構圖與技法喔！

第一位是雷蒙茲·斯塔普蘭斯 (Raimonds Staprans) 是一位拉脫維亞裔美國畫家。

/imagine prompt　Traditional rural scenery and Golden rice fields in Taiwan. Style Raimonds Staprans , cloud , Blurry Brush pen drawing , Abstract art . --ar 16:9

第二位是前面有採用過的荷蘭藝術運動成立的風格派 De Stijl。

/imagine prompt　Traditional rural scenery and Golden rice fields in Taiwan. Style De Stijl , cloud , Blurry Brush pen drawing , Abstract art . --ar 16:9

結束前的小叮嚀，如果你很喜歡藝術變化，可以在提示詞後加上這個參數：

--s（--stylize 預設美學風格在生成圖片時的的強度，合法值為 0-1000 的整數）

另外，可以在提示詞加上模糊 fuzzy，迷濛氛圍 hazy atmosphere 等等。

以下幾張圖片是經過上面的設定生成的結果，提示詞如下：

/imagine prompt Traditional rural scenery and Golden rice fields in Taiwan. Style De Stijl , cloud Blurry Brush pen drawing , fuzzy , hazy atmosphere , Abstract art . --ar 16:9

/imagine prompt Style Raimonds Staprans , color white , black , lotus , cloud Blurry Brush pen drawing , fuzzy , hazy atmosphere , Abstract art . --s 1000

應用之妙存乎一心，藝術的路上無限寬廣，共同互勉加油喔！

5-5-5　本節介紹的抽象藝術家與風格簡介

1. 抽象風格 Abstract Styles：畫家總覽，目前有 30 位畫家與畫派

   https://www.midlibrary.io/search?query=Abstract+Styles

2. 抽象主義 Abstract art

   https://www.midlibrary.io/styles/abstract-art

3. 抽象表現主義 Abstract expressionism　不按照實際形象，注重構圖色彩與情感。

   https://www.midlibrary.io/styles/abstract-expressionism

4. 風格派 De Stijl，荷蘭語為 "The Style"，以線條色塊和建築為風格。

   https://www.midlibrary.io/styles/de-stijl

5. 威廉德庫寧 Willem de Kooning

   https://www.midlibrary.io/styles/willi-baumeister

6. 拉烏爾德凱瑟 Raoul De Keyser 比利時畫家，在抽象畫和素描使用顏色、筆觸和手勢標記。

   https://www.midlibrary.io/styles/raoul-de-keyser

7. 雷蒙茲‧斯塔普蘭斯 (Raimonds Staprans)：美國畫家，特殊的顏色是因畫家本身風格所加上的。

   https://www.midlibrary.io/styles/raimonds-staprans

8. 水墨繪 (Sumi-e drawing)，使用不同濃度的黑墨水來繪畫（如下示）

   https://www.midlibrary.io/styles/sumi-e-drawing

9. 毛筆畫 Brush pen drawing 毛筆的筆尖更有彈性、反應靈敏，當你施加壓力時，所有纖維線都會逐漸變細並張開。

   https://www.midlibrary.io/styles/brush-pen-drawing

10. 鋼筆畫 Pen drawing 在紙上用筆和墨水完成的藝術作品，一種線性的圖像製作方法。

    https://www.midlibrary.io/styles/pen-drawing

11. 乾筆（刷）畫 Dry brush drawing 是一種繪畫技法，使用略帶濕潤的筆刷，在畫布或紙張上，以乾燥的、快速的筆觸進行繪畫，以營造出粗糙、不連貫的筆觸效果。這種技法常用於表現粗糙的質感、細節的模糊或粗略的輪廓。

    https://www.midlibrary.io/styles/dry-brush-drawing

註 以山水風景 Landscape scenery 為主題，毛筆畫、鋼筆畫和乾筆畫的結果如下：

/imagine prompt Style xxx , Landscape scenery

【本章編後語】

快快樂樂迎向 AI 魔咒新時代

/imagine prompt　Style pablo-picasso , An old man and an old horse are chasing each other , very happy --ar 16:9

「老驥伏櫪，志在千里。」這句話的意思是「馬雖老了，伏在馬槽邊，仍想奔跑千里的路程。」好像是老衲此刻心情的寫照？

說是，其實是也不是，只是面對 AI 時代的來臨，Midjourney 正是可以實現自己幾十年來的願望，過去累積了一些些電腦操作經驗，還有藝術方面的些許小知識，重點是，自己雙手笨拙沒有繪畫細胞，光是空思妄想。

憶昔日「快快樂樂學電腦」時代，還當真生龍活虎、意氣風發一時，江湖人稱「鄧大俠」是也，如今垂垂老朽。已被小朋友尊稱為「公公」！

於今反覆閱覽本書第六章，想起自己第一張 Midjourney 圖片的生成大約在 2023 年 4 月 10 日，當時已取消免費試用的機制，加入之後，第一個立志要生成的圖片居然是「枯藤老樹昏鴉，小橋流水人家，斷腸人在天涯！」（好有志氣！）就請免費版的 ChatGPT 翻譯，然後就丟進去生圖，沒有想到出師不利，犯了 Midjourney 的天條，說是我的提示詞用字太血腥？有嗎？這是 ChatGPT 翻譯的呢！

「枯藤老樹昏鴉，小橋流水人家，斷腸人在天涯！」

當時的 ChatGPT 翻譯如此，初次使用 Midjourney 的我，英文程度很差的我，也不覺有何不妥！就直接飲用！

「 dead vines, old trees, crows, small bridges and flowing water, and broken intestines in the end of the world! 」

在 Midjourney 輸入之後出現竟然警告訊息：

「Sorry! Our Al moderators feel your prompt might be against our community ！」

意思是：**「抱歉！我們的版主覺得你的提示詞可能違反我們的社群標準。」**

仔細查看，原來斷腸人翻譯為「broken intestines（斷裂的腸子）」，多恐怖的畫面啊！看到這個血腥的字眼，難怪有潔癖的 Midjourney 立刻喊卡！

我就請教惠貞，她就告訴我緣由，然後她用付費的 ChatGPT 來翻譯：

「 Withered vines, old trees, and crows at dusk;A small bridge, flowing water, and homes nearby;A heartbroken soul, wandering at the edge of the world. 」

「斷腸人」翻譯為「A heartbroken soul（心碎的靈魂）」就很有詩意了！生成的圖片也頗為驚喜，是唐詩宋詞詩境！

/imagine prompt Use a Chinese brush to draw ：Withered vines, old trees, and crows at dusk; A small bridge, flowing water, and homes nearby; A heartbroken soul, wandering at the edge of the world.

果然一分錢一分貨，沒花錢當然沒好貨，哈！開玩笑的啦！人家 ChatGPT 現在的翻譯也自動升級了！現在已經看不到「broken intestines（斷裂的腸子）」了！

2023.06.21 的免費 ChatGPT 翻譯已經是自我改良，看不到：

「Withered vines, old trees, crows in the dusk，A small bridge over flowing water，a house by the riverside，A heartbroken person at the end of the world！」

而且目前的 Midjourney 已改良很多，即使遇到同樣被誤解的狀況，可以「上訴 Appeal」，請求重新以「一個更復雜的 AI 來複查結果 a more sophisticated AI to double-check the result.」

這樣的經驗，也可以給新手的你一個很好的借鏡。

/imagine prompt　　Style pablo-picasso，An old man，an old woman，
Together riding an old horse.，very happy --ar 16:9

接著想要說的是，沒想到三個月之後，本章大功告成，當真要執筆三嘆，熱血的老人家可以竟然寫出這一篇鉅細靡遺的創新 AI 藝術圖像，當初真是一頭埋了進去，Midjourney 的會員不斷升等（刷卡），直至最高層（最貴），好誇張，生圖的時間依然不夠用，竟然還要繼續購買時間，瘋狂啊！執著的老大人，直到阮囊羞澀，直忙到沒時間照鏡子，忙到彷彿是愛因斯坦似的一頭亂髮，哎！真的是「人不輕狂枉老年」。

執筆本篇現在覺得自己真的是賺到了，溫暖在心窩，一位初學老者從與惠貞母子發想，到不斷生圖與改良，深深覺得這樣的學習記錄最適合初學入門者，也唯有閒閒沒代誌的剛進入此 AI 領域的作者才有此耐心、細心與機緣才寫得出來！要知道，一旦摸熟了某種軟體，提示詞一寫就成，也忘了當初的心路歷程！就像跟女友相處，百依百順，禮數周到，有一天娶進門後，連「請謝謝對不起」都忘了說。

還記得大學期間閱讀日本心理學家多湖輝的「水平思考法」，教導我們橫向思考的要領，小小的一本書卻大大的影響"鄧老瞎"的一生，Midjourney 也可以用來畫國畫，不要說是「枯藤老樹昏鴉」就連李清照的 「常記溪亭日暮，沉醉不知歸路。興盡晚回舟，誤入藕花深處。爭渡，爭渡，驚起一灘鷗鷺。」都可以畫了出來，這也是在清朝末年間的洋務運動所主張的的「西學中用」啊！看來我這老書獃還會活用呢！

想起過往在台中火車站前一家「學海書店」，有一幅「貧者因書而富，富者因書而貴。」還真的言之有理。最後，感謝寶釧姑娘日夜隨侍在側噓寒問暖送點心幫老朽擦拭老花眼鏡，感謝惠貞帶著我們一老一少闖進 AI 世界，她以精準快速的進度直逼著咱們一老一少沒命地奔跑，終於按照時程完成使命！

「買賣不成仁義在，來者是客禮相待。」在 AI 世界結緣，冀望彼此都能快快樂樂悠遊在 Midjourney 的藝術天地中，樂不思蜀，並應用到自己的生活和工作崗位上。感謝你！

從莊嚴純淨的聖母恩慈，到私密情感的浮生浪遊，

Midjourney 讓我們盡情發揮想像世界，自由馳聘。

藝術無國界，只要心胸寬廣，這裡就是快樂天堂，

感謝 AI 魔界中土世界的奇人異士，研發豐厚咒術，

但願這本圖像魔導書引領我們一起進入琉璃淨土。

CHAPTER

06

誰能不愛 Niji 動漫？

「動漫」是「動畫」影片和「漫畫」書籍的總稱。

漫畫尤其是日本漫畫對台灣的讀者影響很大，從很早的七龍珠，到名偵探柯南、灌籃高手、航海王（海賊王）、進擊的巨人，直到鬼滅之刃、我推的孩子…都是風靡之作。

動漫影片從宮崎駿奇幻溫馨系列的「龍貓」開始，到好萊塢「蜘蛛人」的平行宇宙，再到新海誠最新作品「鈴芽之旅」的異次元空間，都是引領世界潮流進入新的宇宙空間觀念。動漫對一般人尤其是青少年有著莫大的影響，而且動漫中的許多對白或旁白都能動人心坎，也唯有經歷過人生的酸甜苦辣，才能深深懂宮崎駿動漫中的對白，句句觸動人心。

本章「誰能不愛 Niji 動漫？」正是要讓我們實現自己製作動漫的基本練功場，課程開始囉～

6-1 人物細節的設定 與動漫風格之誕生

> 「有些煩惱，丟掉了，才有雲淡風輕的機會。」
>
> ——日本動漫天王 宮崎駿（Hayao Miyazaki）

神隱少女千尋的清澈眼眸加上招牌妹妹頭，是吉卜力動畫中造型特別的角色之一，也是最受歡迎、最耐人尋味的角色。

要如何使用 Midjourney 來製作動漫的人物造型呢？這是大家多年來夢寐以求的願望，如今終於有機會實現了！

本節先講述要如何掌控主導權，將人物細節描述出來，讓 Midjourney 知道這個人物應該具有哪些特徵（例如髮型、瞳孔色、表情、情緒、年齡、服裝、姿勢、場景、視角等），接下來是如何利用不同的風格來產生所需要的人物（例如青年向動漫風、兒童向動漫風、賽博龐克風、暗黑幻想動漫風、日本恐怖動漫風、復古動漫風等），這樣子也可以節省許多生圖的時間，精準達到我們心中的角色設定。

註 本章的圖片大多是使用 niji 5 模型生成的，如果你有在 /settings 中設定其它模型或 RAW Mode，記得先取消，或是更換成 Niji Version 5。

6-1-1　人物細節

想要畫出心中理想的人物嗎？想要打造自己喜歡的二次元女神嗎？真的可以訂製人物嗎？這要怎麼做呢？倘若我們只使用類似下面那樣簡短的提示詞，可能會生成如下的兩張圖片，確實都是一個穿著洋裝的女孩，但風格截然不同，而且有可能都不是我們想要的模樣。

/imagine prompt　a girl wear a dress --niji 5

與其碰運氣讓 Midjourney 隨機生成，倒不如自己掌控主導權，將人物細節描述出來，讓 Midjourney 知道這個人物應該具有哪些特徵，這樣會更符合需求。舉例來說，一個女孩的人物細節通常包括下列事項，這些詞彙都可以請 Google 翻譯或 ChatGPT 翻成英文來使用：

◈ **髮色**：例如金髮、白髮、棕髮、黑髮、藍髮、紫髮、漸層色髮等。

◈ **髮型**：例如長髮、短髮、直髮、捲髮、盤髮、馬尾等。

◈ **瞳孔色**：例如紅眼、藍眼、金眼、彩色眼等。

◈ **表情**：例如微笑、大笑、流淚、單眼閉眼、閉眼、鬼臉等。

◈ **情緒**：例如開心、愉悅、沮喪、難過、生氣、暴怒等。

◈ **年齡**：例如年輕的、中年的、年長的、18 歲的、60 歲的等。

◈ **人物背景**：例如教師、學生、明星、偶像、偵探、冒險家、上班族等職業；貴族、公主、獸耳、精靈、魔物、魔法師、吸血鬼等身分種族。

◈ **服裝樣式與顏色**：例如紅和服、黃洋裝、藍短袖、黑長褲、白頭紗等。

◈ **配件種類與顏色**：例如頭飾、髮箍、帽子、項鍊、耳環、戒指、眼鏡等。

◈ **姿勢、動作**：例如站著、坐著、躺著、趴著、舉手、吵架、擁抱等。

◈ **場景內容、地點**：例如教室裡、校園裡、餐廳裡、都市裡、建築物前方、草地上、河邊、海邊等。

◈ **視角、光線**：例如全身照、半身照、明亮的、暖光、冷光等。

◈ **天氣、時間**：例如晴天、陰天、下雨天、大雷雨、早上、傍晚、晚上等。

◈ **風格**：例如可愛動漫風、寫實風、獸耳動漫風、暗黑動漫風、復古動漫風、1990 年代風、新海誠風格、宮崎駿風格、航海王風格等。

◈ **其它**：例如身高、膚色、特效等。

首先，我們試著在提示詞中加入藍色洋裝和白色短髮，比起一開始使用的「一個穿著洋裝的女孩」，加入洋裝顏色、髮色和髮型後，就更能控制圖片的變化程度，讓圖片比較容易保持在同一個人的感覺。

/imagine prompt a girl wear a blue dress, white short hair --niji 5

我們換用稍微複雜的提示詞來試試看：

/imagine prompt a pink short ponytail hair girl wearing a white T-shirt,
high school student, pink eyes, smile, sitting on a chair, in a classroom,
morning, full body shot --niji 5 --ar 16:9

❶ 髮色：粉紅色　❷ 髮長：短　❸ 髮型：馬尾　❹ 服裝樣式與顏色：白色短袖
❺ 人物背景：高校生　❻ 瞳孔色：粉紅色　❼ 表情：微笑　❽ 姿勢：坐在椅子上
❾ 場景內容：教室裡　❿ 光線：早上的光線　⓫ 視角：全身照

得到如下的結果，無論是髮色、髮長、髮型、瞳孔色、服裝、場景、光線等，
整張圖片所出現的東西大致上就是我們所指定的元素，畫風也貼近日常生活，
比較不會出現錯誤。

在圖片生成完畢後，我們可以繼續針對不足的地方進行補強，或是調整細節設
定，例如加入頭飾、髮箍、耳環、改變光線時間，或是自己喜愛的角色名字
等，透過多次生圖的過程去獲得滿意的圖片。

告訴你一個小秘訣，如果圖片中的人物太大，不妨試著利用第 2-3-4 節所介紹
的 Zoom Out（縮小）功能將圖片的內容縮小，這樣就可以保有原始圖片的內
容，同時把人物在畫布上的比例縮小。

最後，我們再加入更多提示詞去描述背景、環境中有什麼物件，或是去描述角色正在做的動作、當下的情緒、天氣、季節、時間等，多使用一些詞彙讓畫面變得更加生動活潑。

/imagine prompt   a beautiful Japanese girl, updo short hair, brown hair, Japanese kimono, hair accessory, wonderful brown eyes, Japanese castle, autumn, maple tree, maple leafs, orange color, smile, delicate, colorful, graceful, full body shot --niji 5

（一個漂亮的日本女孩，短盤髮，棕髮，日本和服，髮飾，美妙的棕眼，日本城，秋天，楓樹，楓葉，橘色，微笑，精緻的，多彩的，優雅的，全身照）

/imagine prompt   a maid with gray straight hair and red eyes, a young butler, both dressed in black suits, are currently arguing in a restaurant with crystal chandelier, standing, face to face, unhappy, bright, knee shot --niji 5

（一位灰色直髮紅色眼睛的女僕，一位年輕的管家，都穿著黑色套裝，正在有水晶吊燈的餐廳裡吵架，站著，面對面，不悅的，明亮的，膝蓋以上）

6-1-2　動漫風格

我們也可以透過指定畫風的方式來大幅改變圖片的風格，niji 5 模型本身就有預設幾種 --style 參數（詳閱第 2-2-1 節），現在，我們就以前一節的「楓葉女孩」、「女僕和管家」加上 **--style cute** 參數來試試看，得到如下的結果，「楓葉女孩」換了風格後，彷彿上了一層濾鏡讓色彩飽和度與畫風完全不同，而「女僕和管家」換了風格後，線條簡化了，帶點漫畫彩頁的感覺。

此外，我們可以在提示詞中指定動漫風格、動漫作品或動漫家、動漫導演、筆觸、物件類型、效果、年代等（詳閱第 3-1-6 節的動漫風格）。

/imagine prompt　a cute fox girl with light purple hair, walking in a futuristic city, looking back, **Cyberpunk style**, bright, waist shot, long shot, rear view --niji 5

（一個可愛的淡紫色頭髮狐狸女孩，走在未來城市，回頭看，賽博龐克風，明亮的，腰部以上，遠景，後視圖）

sailor moon, a girl with blue hair standing in the classroom, sunny day, **1990s anime style** --niji 5（美少女戰士，一個藍髮女孩站在教室裡，晴天，1990 年代動漫風）

kodomomuke anime style, a shiba inu is playing with a boy and a girl next to the river --niji 5（兒童向動漫風，一隻柴犬和一個男孩、一個女孩在河邊玩）

seinen anime style, Special Weapons And Tactics, a man holding a gun, wearing a cap, standing in front of police station, realistic, full body shot --ar 2:3 --niji 5（青年向動漫風，特種警察，一個男人持槍，戴著帽子，站在警察局前方，寫實的，全身照）

a girl with a smile, eyes filled with murderous intent and orange light, wearing a hooded cloak, fire, **dark fantasy anime style**, full body, bright --ar 2:3 --niji 5（一個微笑的女孩，眼中充斥殺意和橘光，穿著帽兜，火焰，暗黑幻想動漫風，全身照，明亮的）

children playing in the forest, retro anime style --niji 5（小孩們在森林中玩，復古動漫風）

male vampire, oil painting, j horror anime style --niji 5（男吸血鬼，油畫，日本恐怖動漫風）

a girl with light blue flowing hair, flying in the sky above the clouds, blue sky, sun, wide angle shot, looking at viewer, high contrast, Shinkai Makoto --ar 16:9 --niji 5（一個淡藍色飄逸頭髮的女生，飛在雲層之上的天空，藍天，太陽，廣角圖，看向觀眾，高對比度，新海誠）

加上風格、作家或導演的名字後，是不是更接近你心中想要生成的圖片呢？我們可以多觀察別人的作品，或是使用 /describe 指令去反推提示詞，說不定能發現意想不到但效果奇佳的提示詞喔！

6-1-3　漫畫創作

Midjourney 也是畫漫畫的好幫手，我們可以針對劇情去擬定場景內容及角色特徵來生成漫畫圖片，然後拼貼圖片並加上對話框，一則漫畫故事就能輕鬆完成。

漫畫中通常會有幾個關鍵詞彙，例如 **black and white Manga drawing**（黑白漫畫繪畫）、**Manga drawing**（漫畫繪畫）、**Manga screentones**（漫畫網點）、**dot pattern**（網點圖案）、**comic strip**（連環漫畫）等。以下是先使用 Midjourney 生成四張圖片，然後使用 Canva 進行拼貼並加上對話框和劇情。

❶ male spy with long gray jacket, wearing a sunglass and a hat, black and white Manga drawing, Manga screentones, dot pattern, full body shot --niji 5（穿著灰色長夾克、戴著墨鏡和帽子的男性間諜，黑白漫畫，漫畫網點，網點圖案，全身照）

❷ male spy with long gray jacket, wearing a sun glasses and a hat, sneaking into a factory, hiding behind a box, crouching down, holding a gun in front of his chest, black and white Manga drawing, Manga screentones, dot pattern, full body shot, back view --niji 5（穿著灰色長夾克、戴著墨鏡和帽子的男性間諜，潛伏進一間工廠，藏在箱後，趴下，持一把槍在胸前，黑白漫畫，漫畫網點，網點圖案，全身照，後視圖）

❸ male spy with long gray jacket, wearing a sun glasses and a hat, fighting with a man who without hat, in the factory, both sides holding guns in a standoff, black and white Manga drawing, Manga screentones, dot pattern, full body shot, back view --niji 5（穿著灰色長夾克、戴著墨鏡和帽子的男性間諜，跟一名沒有戴帽子的男生戰鬥，持槍對峙，黑白漫畫，漫畫網點，網點圖案，全身照，後視圖）

❹ male spy with long gray jacket, wearing a sunglasses and a hat, mission completed, in front of a explosion factory, black and white Manga drawing, Manga screentones, dot pattern, full body shot --niji 5（穿著灰色長夾克、戴著墨鏡和帽子的男性間諜，任務完成，在爆炸的工廠前面，黑白漫畫，漫畫網點，網點圖案，全身照）

我們必須充分描述人物的特徵（例如衣裝、配件、性別等），才能讓人物保持相同，接著將劇情場景也放入提示詞，就能產生很不錯的效果，Midjourney也確實有將漫畫常見的網點和效果線都表現出來。

此外，我們還可以嘗試不同的漫畫風格，或使用不同的模型。在英文中，**Manga** 通常指的是日式漫畫，而其它常見的美式漫畫則是 **Comic**，以下是我們將前面的男間諜換用不同的風格所呈現出來的結果。

male spy with long gray jacket, wearing a sunglasses and a hat, in the factory, holding a gun, full body shot, American comic style --v 5.2（穿著灰色長夾克、戴著墨鏡和帽子的男性間諜，在工廠裡，全身照，美式漫畫風）

male spy with long gray jacket, wearing a sun glasses and a hat, mission completed, in front of a explosion factory, black and white kawaii Manga style, chibi anime style, dot pattern, full body shot --niji 5（穿著灰色長夾克、戴著墨鏡和帽子的男性間諜，任務完成，在爆炸的工廠前面，黑白卡哇伊漫畫風，可愛動漫風，網點圖案，全身照）

6-1-4　角色設計

無論在動畫或漫畫中，總是要先決定一個角色該有的形象、樣貌等，此時，角色設計圖就會是很棒的工具。我們可以先針對初步想到的概念讓 Midjourney 快速生成多個構圖、激發靈感，讓角色創作變得更輕鬆！

角色設計圖中通常會有幾個關鍵詞彙，例如 **character design sheet**（角色設計圖）、**concept design sheet**（概念設計圖）、**character reference sheet**（角色參考圖）等，只要將這些詞彙放在提示詞的前面，就可以提高成功率。

/imagine prompt detailed character design sheet, character reference sheet, a 12 years old boy, red cap, orange jacket, black pants, shonen anime style --niji 5

（詳細的角色設定圖，角色參考圖，一個 12 歲男孩，紅色鴨舌帽，橘色夾克，黑色長褲，少年動漫風）

/imagine prompt detailed character reference sheet, a beautiful elf girl, blue hair, wearing a blue cute mahou shojo dress, magic wand, ribbon, rainbow-like eyes --niji 5

（詳細的角色參考圖，一個美麗的精靈女孩，藍色頭髮，穿著可愛的藍色魔法少女洋裝，魔法杖，緞帶，彩虹般的眼睛）

TIP 用自己的照片生成虛擬替身或大頭貼

我們可以利用圖生圖和圖片權重的技巧，讓 Midjourney 根據自己的照片生成專屬的虛擬替身或大頭貼，下面是一個例子。

❶ 原圖　❷ a cool boy, cartoon style（一個酷男孩 , 卡通風格）

我們可以增加一些提示詞去改變圖片的內容，如圖❸；也可以試著改用 niji 5 模型去生成圖片，就會有不一樣的效果，如圖❹，若結果跟原圖差異過大，變得不像本人，可以提高圖片權重，讓結果更接近原圖。

❸ a cool boy, cartoon style, white background（一個酷男孩 , 卡通風格 , 白色背景）
❹ a cool boy --niji 5 --iw 1.5（一個酷男孩 , niji 5 模型 , 圖片權重 1.5）

6-2 動漫背景的配置以及 動漫場景和模型、公仔的設計

「隱約雷鳴，陰霾天空，但盼風雨來，能留你在此。隱約雷鳴，陰霾天空，即使天無雨，我亦留此地。」

——新海誠《言葉之庭》

閱讀這段對白，我們可以想像當時的山雨欲來風滿樓的蕭蕭氛圍，足見「場景」在動漫中現場氛圍的重要性，當時的時空背景，天候狀況，風吹草動樹枝搖，甚至還有一隻小狗汪汪驚恐狀，都能夠提升戲劇性。

本節就是以動漫背景的生成為主題，加上場景配置，還有動漫必要的動物角色設計生成。

此外還加上模型、公仔、吉祥物、美食、品牌標誌的製作生圖，內容相當豐富而精彩！每一細節都不可以錯過喔！

6-2-1　風景

當我們在寫文章時，每寫到一個精彩的橋段，是不是該來張插圖呢？除了前面所提到的人物，Midjourney 亦擅長生成優美的風景照，而在 niji 5 模型中，也有提供 --style scenic 參數能夠針對背景進行特化，減少人物占比。以下是我們使用 Mt. Fuji（富士山）來做比較，兩者的光線處理方式不太一樣。

❶ 預設風格的 Mt. Fuji（富士山）　❷ 加上 --style scenic 參數的 Mt. Fuji（富士山）

或者，我們可以使用預設風格來生個水底世界看看。

underwater world, clownfish and coral reef --niji 5 --ar 16:9（水底世界，小丑魚和珊瑚礁）

Lantern Festival, on the surface of the lake, clear night with stars, orange color, bright
--style scenic --ar 3:2 --niji 5（元宵節，在湖面之上，清晰的夜晚星空，橘色，明亮的）

a boy and a girl standing on the grass, looking the beautiful and expansive starry sky, shooting
star streaking across the sky --style scenic --ar 3:2 --niji 5
（一個男孩和一個女孩站在草地上，看著美麗且廣闊的星空，流星劃過天空）

6-2-2　場景

室內場景的複雜度可不會比風景少，想要生成精緻美麗的場景，就要在提示詞的部分下點功夫，我們先使用簡短的提示詞小試身手，例如：

the noble's restaurant with a crystal
chandelier, wide angle shot --niji 5
（有一盞水晶吊燈的貴族餐廳，廣角圖）

The magic workshop with starry sky in the
ceiling --niji 5（天花板有星空的魔法工坊）

接下來可以進一步描述場景的細節，例如地點、天氣、季節、時間、物件、氣氛、色溫、色彩、角色、視角、光線、風格等，例如：

bedroom, warn light, rococo style --niji 5
（房間，暖光，洛可可風格）

modern study room, cold light, white wall,
minimalism style --niji 5
（現代書房，冷光，白牆，極簡風格）

the cosmetics counter at a department store, bright, marble tile, pink, windows --niji 5
（百貨公司的化妝品專櫃，明亮的，大理石地磚，粉紅色，窗戶）

the stage for idol with red and white light, a massive LED display screen in the back, vibrant and colorful lighting installations adorn both sides --niji 5
（一個有紅白光、專為偶像的舞台，巨大的螢幕在後面，兩側設有活力且色彩的照明裝置）

a spacious and bright living room with white sofas and large windows, afternoon in summer and clear sky, a medium wooden coffee table with a bouquet of flowers, light blue wall --ar 16:9 --niji 5 --no plants（一個寬敞明亮的客廳，有白沙發和大窗戶，夏天的下午和清晰的天空，一個中等大小的木質咖啡桌上有一束花，淡藍色的牆壁）

interior of a white church, stained glass, sunlight filtering in, majestic, high contrast, bright --niji 5（白色教堂內部，彩繪玻璃，陽光透進來，莊嚴的，高對比度，明亮的）

a beautiful castle in magic academy, fairy tale-like, aerial view --niji 5（一個魔法學園中的城堡，如童話故事般的，鳥瞰視角）

the spacecraft's control cabin, high-tech, outside of window is space and galaxy --ar 16:9 --niji 5（太空船駕駛艙，高科技，窗外是外太空和銀河）

請注意，在生成某些場景時，可能需要寬廣的視角來獲取較佳的構圖，此時可以利用 Zoom Out（縮小）或 Pan（擴展）功能，通常會有不錯的效果。

6-2-3 動物、吉祥物

你喜歡動物嗎？想要替某些活動或主題設計吉祥物嗎？只要透過一些簡短的提示詞，就可以讓 Midjourney 生成許多有趣可愛的圖片，例如：

two cats are fighting --niji 5
（兩隻貓正在打架）

three colorful birds in the forest --niji 5
（三隻彩色的鳥在森林裡）

A Corgi being petted on the head, white
background --niji 5
（一隻被摸頭的柯基，白色背景）

A dolphin leaping out of the ocean, blue sky
and white cloud --niji 5
（一隻海豚躍出水面，藍天白雲）

niji 5 模型還提供了 **--style cute** 參數用來生成類似插畫小品的風格，這個風格對於提示詞較不敏感，建議使用簡短的提示詞，效果會比較好。

a cat and a dog with hat standing next to the table --style cute --niji 5
（一隻貓和一隻戴帽子的狗站在桌子旁邊）

A tiger roaring angrily --style cute --niji 5
（一隻老虎在怒吼）

這些圖片是不是很可愛、很療癒呢？！此外，我們也可以試著畫出像吉祥物的圖片，關鍵詞彙是 **mascot**（吉祥物），同時再加上一些類似 **chibi anime style**（可愛動漫風）、筆觸等風格，會讓效果更好。

polar bear, mascot for a polar bear, chibi anime style --niji 5
（北極熊，北極熊吉祥物，可愛動漫風）

golden hamster, mascot for a golden hamster, chibi anime style --niji 5
（黃金倉鼠，黃金倉鼠吉祥物，可愛動漫風）

6-2-4　模型、公仔

模型的種類包括人物、動物、機器人、物品、建築物等，而針對公仔的關鍵詞彙則有 **toy figure**（玩具模型）、**action figure**（公仔）、**figurine design**（雕塑設計）、**nendoroid**（黏土人）等。

toy figure, action figure, princess wearing a white dress, blond hair, smile, stand at attention, pure white background --niji 5（玩具模型，公仔，穿著白色洋裝的公主，金色頭髮，微笑，立正，純白背景）

figurine design, toy figure, action figure, a boy, black T-shirt, orange hair, full body shot, pure white background --niji 5（雕像設計，玩具模型，公仔，一個男孩，黑色短袖，橘頭髮，全身照，純白背景）

toy figure, action figure, a cute rabbit and a girl, pink and white, full body shot, pure white background --niji 5（玩具模型，公仔，一個可愛兔子和女孩，粉色與白，全身照，純白背景）

toy figure, action figure, Gundam robot, blue and white, full body shot, pure white background --niji 5（玩具模型，公仔，鋼彈，藍和白，全身照，純白背景）

toy figure, action figure, a cute Maneki-neko, orange and white, full body shot, pure white background --niji 5 --style expressive
（玩具模型，公仔，一個可愛的招財貓，橘和白色，全身照，純白背景）

toy figure, action figure, a flying dragon, blue and white, mechanical sense, full body shot, pure white background --niji 5
（玩具模型，公仔，一個飛龍，藍和白，機械感，全身照，純白背景）

不知道你有沒有看過等距透視圖？這是一種讓圖片呈現出遠近感的繪圖技巧，經常應用在建築物或室內設計，關鍵詞彙有 **3d illustration**（3d 插圖）、**3d graphic design room**（3d 圖形設計房間）、**isometric perspective**（等距透視圖）等。

3d illustration, 3d graphic design room, isometric perspective, figurine, a coffee shop --niji 5 --style expressive
（3d 插圖，3d 圖形設計房間，等距透視圖，雕塑，一個咖啡店）

3d illustration, 3d graphic design room, isometric perspective, figurine, a modern living room --niji 5 --style expressive
（3d 插圖，3d 圖形設計房間，等距透視圖，雕塑，一個現代客廳）

6-2-5　品牌標誌

品牌標誌通常分成圖像式與文字式，對於圖像式的標誌，我們可以先決定主題、風格、背景顏色等，再加上用途，例如餐廳、寵物店、運動品牌等，關鍵詞彙有 **logo design**（標誌設計）、**pictorial mark logo**（圖形標誌）、**emblem**（徽章）、**minimal line marks**（簡約線條標誌）等。

emblem, one crown, stars, wings, the outside is encircled by a golden frame, pure white background --niji 5（徽章，一個皇冠，星星，翅膀，被金框圍住，純白背景）

logo design, an eagle, sport, red and blue, square, flat style, pure white background --niji 5（標誌設計，一隻老鷹，運動風，紅和藍，方形，扁平設計風，純白背景）

logo design, pictorial mark Logo of apple, abstract art, 2d style --niji 5（標誌設計，蘋果圖案標誌，抽象藝術，2d 風格）

logo design, minimal line marks of diamond, pure white background --v 5.2（標誌設計，鑽石簡約線條標誌，純白背景）

logo design, colorful geometric shapes,
petal-like, circle logo, symmetrical,
watercolor style, flat style - -niji 5
（標誌設計，彩色幾何圖形，花瓣般的，圓形
標誌，對稱的，水彩風，扁平設計風）

logo design, two fish swimming around each
other, food restaurant logo, watercolor style
- -niji 5
（標誌設計，兩條魚互相圍繞，食物餐廳標
誌，水彩風）

此外，不少精品或運動品牌的標誌會使用字母或花押字，Midjourney 也
能生成這種圖片幫助我們構想標誌，關鍵詞彙有 **lettermark**（字母標誌）、
monograms（花押字）等。不過，Midjourney 目前無法辨識文字，因此有可
能會生出錯誤或變形的文字，你可以使用其它繪圖軟體進行修正。

lettermark of V, phoenix, radiating yellow and
green light, pure white background - -niji 5
（V 字母標誌，鳳凰，散發黃綠色光芒，純白
背景）

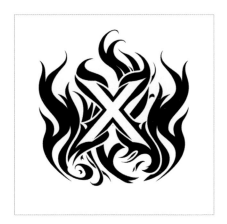

monogram of X, flames on the outer frame,
black and white, pure white background - -niji 5
（X 花押字，外框上有火焰，黑白，純白背景）

6-2-6　美食

講到美食，無論是菜餚、點心、甜點，每一樣皆令人垂涎三尺。不只是真實的食物，我們也可以使用動畫風格來讓美食呈現不同的樣貌，例如：

macaron --niji 5（馬卡龍）

xiaolongbao, realistic --niji 5
（小籠包，真實的）

我們可以進一步描述食物的外觀、食材、顏色、容器、背景內容等，例如：

carbonara pasta with slices of bacon in a delicate plate, grated parmesan cheese on the top --niji 5（有切片培根的卡波納拉義大利麵在精緻的盤子中，上面有磨碎的帕馬森起司）

a glass of orange juice, clear, orange color, there is a slice of lemon on the top on glass, wooden table, summer, beach in the background --niji 5（一杯柳橙汁，透徹的，橘色，有一片檸檬在玻璃杯上，木桌，夏天，海灘背景）

後記

Midjourney 穿幫圖片狂想曲

靜寂日月潭畔的午夜沈思，這三個月來與 Midjourney 日夜相處，總共花了 51.8 個小時，生成 5466 張圖片，所建立起來的摯厚情誼深深烙印在腦海中，人與 AI 會有感情嗎？對已屆耄耋之年的老翁來說，是肯定的！

最讓人驚喜的是在生成圖片的過程，真的是「既期待又怕受傷害」，有時甚至「牛頭不對馬嘴」，但對七十而從心所欲不踰矩的我，一個轉念之後，深深覺得這些"穿幫鏡頭"所迸發出來的腦力激盪術，才是自身打敗老人痴呆症的最佳利器呢！於是就利用這些"穿幫鏡頭"寫了幾篇狂想曲聊以自娛，也盼伴君一笑可矣！

❶ 維梅爾《戴珍珠耳環的少女》幼幼可愛版的異想錄。

❷ 塞尚《蘋果茶杯和酒瓶靜物》的祭品狂想曲。

❸ 梵谷《星夜 Starry Night》的暮光之城夜譚。

一、維梅爾《戴珍珠耳環的少女》的異想錄

大家好，我是 … 我是 Midjourney 幫我生出來的照片，我是 … 暫且先賣個關子。雖然你很容易會想到我是誰的誰！

大家看到我，一定會噗嗤一笑，「戴珍珠耳環的少女？應該是個亭亭玉立的美少女才對，怎麼變成這麼一個古錐的小娃娃？」

有人說：「這可是戴珍珠耳環少女的小時候，維梅爾叔叔幫她畫的。」

也有八卦消息說：「這肯定是維梅爾和美少女畫完圖之後的愛的結晶。」

天啊！我的身世真是複雜！你且聽我說：「想當年，我的叔叔維梅爾 Johannes Vermeer 1632 年出生，在 1665 年也就是 33 歲的時候完成這一幅畫，當年的我年紀有多大？專家說是 14 歲，也有人說是 16 歲。」

還有 … 一個更離奇的八卦說，你看看右邊這一張圖，我還拿著畫筆，正面有一個畫板，左上方還有一面鏡子喔，你們看了一定會說，「戴珍珠耳環的少女，原來是那位少女的自畫像啊！」天啊！維梅爾叔叔若聽到，一定會當場吐血身亡！其實，我只是好玩擺擺姿勢罷了！

唉！這年代誰也說不準，謠言滿天飛，何況 AI 生圖更會令人頭腦一片混亂！

二、塞尚《蘋果，茶杯和酒瓶靜物》的祭品狂想曲

大家好，我是塞尚，大家都說我是「現代繪畫之父」，真是不好意思。

從我一開始畫圖就只畫自己想畫的圖，才不管現在流行什麼風格？我阿爸是銀行家，我不愁吃穿，不像梵谷一天到晚苦哈哈！所以我堅持有理！

後人都不知曉「現代繪畫之父」這名號來自何由？有人說這是畢卡索說的，因為我畫得多視角蘋果對立體派的發展有莫大的啟發。

其實，跟你說喔，這完全是網路謠言。因為我塞尚的蘋果畫那麼多，真正的用途是⋯⋯⋯⋯⋯⋯

哦虧 (OK)，我本人塞尚就告訴你實情吧！試問：

「古今天下有誰能夠把生前作品和死後的音容宛在的故人遺照一起做 3D 擺設？」

此刻，您應該恍然大悟，您覺醒了，大聲疾呼：

「哇！賽尚！你好神！我也要來畫牛排和烤雞還有威士忌，以備 "自肥"。」

懂了吧！普天下藝術家除了我，還有誰有此能耐？梵谷？太陽花能吃嗎？所以「現代繪畫之神」的名號我自己覺得絕非浪得虛名！

各位朋友，您懂了嗎？敬你一顆蘋果和一杯法國勃根地紅酒！

乎乾啦！

三、梵谷《星夜 Starry Night》的暮光之城夜譚

大家好，我是梵谷，您一定知道我的故事，可是我的耳朵不是在法國南部的亞爾割了嗎？怎麼又長了出來？而且還像小白兔或貓咪的耳朵？（如右圖所示）

這是我梵谷本人對歷史謎團的抗辯，後世的人都說我有什麼癲癇症，後來都在療養院度過，那誤會可大了。

其實「暮光之城」才是我的真正故事，我晚上才會現出狼人原形，但我是溫柔而且不會傷人的，我每天晚上在屋頂，在山脊望著滿天星斗，以狼的眼睛看出去，星夜的天空本就長得這麼美麗啊！

其實，齊秦有一首「狼」的歌，那才能配合我一生豪爽的歌聲，你聽：

「我是一匹來自北方的狼，走在無垠的曠野中，淒厲的北風吹過漫漫的黃沙掠過 …… 我是一匹來自北方的狼 ………」

後來有個什麼唐‧麥克林的推出什麼「梵谷之歌（Vincent）」簡直胡扯，不信你聽：

Starry starry night, Paint your palette blue and gray, Look out on a summer's day, With eyes that know the darkness in my soul .

（滿天星星的夜晚，將調色板調成藍色夾雜點灰色，望向陽光燦爛的外頭，用靈魂深處充滿憂鬱的雙眼看著！）

我還是喜歡：「啊～我是一匹來自荷蘭的狼 ………」

四、彩蛋與老人家的再三叮嚀

Midjourney是藝術屬性很高的AI繪圖生成器，不像Python，寫什麼程式就會固定得到執行結果。Midjourney是一種隨機性很高的靈活生成模型，同一個提示詞，他就會很"搞怪"（機靈）的生成相類似的圖片。這也是她迷人的地方。

本書最後送你一顆彩蛋，即使重新完全按照本書的提示詞生圖，也只能得到類似風格的圖片，但卻都是我們求之不得的，所以這是我們在最後要特別叮嚀的，截至目前版本，Midjourney都還是這樣的充滿好玩的藝術性喔！

歡迎一起進入Midjourney的藝術桃花源，祝福大家快快樂樂生成每一幅圖片！

七旬老翁 . 鄧文淵 謹識 2023.06.22 時逢端午節

註 /imagine prompt little girls with smile face and a white ball, style Georgia o'Keeffe.

Midjourney AI 圖像魔導書：搭配 ChatGPT 魔法加倍

作　　　者：鄧文淵 / 陳惠貞 / 傅煜
總　監　製：鄧君如 / 文淵閣工作室
企劃編輯：蔡彤孟
文字編輯：詹祐甯
設計裝幀：張寶莉
發　行　人：廖文良

發　行　所：碁峰資訊股份有限公司
地　　　址：台北市南港區三重路 66 號 7 樓之 6
電　　　話：(02)2788-2408
傳　　　真：(02)8192-4433
網　　　站：www.gotop.com.tw
書　　　號：ACU085800
版　　　次：2023 年 08 月初版
建議售價：NT$580

國家圖書館出版品預行編目資料

Midjourney AI 圖像魔導書：搭配 ChatGPT 魔法加倍 / 鄧文淵,
　陳惠貞, 傅煜編著. -- 初版. -- 臺北市：碁峰資訊, 2023.08
　　面；　公分
　　ISBN 978-626-324-608-9(平裝)
　　1.CST：人工智慧　2.CST：電腦繪圖　3.CST：數位影像處理
312.83　　　　　　　　　　　　　　　　　　　　112012779

讀者服務

● 感謝您購買碁峰圖書，如果您
對本書的內容或表達上有不清
楚的地方或其他建議，請至碁
峰網站：「聯絡我們」\「圖書問
題」留下您所購買之書籍及問
題。(請註明購買書籍之書號及
書名，以及問題頁數，以便能
儘快為您處理)
http://www.gotop.com.tw

● 售後服務僅限書籍本身內容，
若是軟、硬體問題，請您直接
與軟體廠商聯絡。

● 若於購買書籍後發現有破損、
缺頁、裝訂錯誤之問題，請直
接將書寄回更換，並註明您的
姓名、連絡電話及地址，將有
專人與您連絡補寄商品。

看書的女孩
/imagine prompt Zentangle The cute little girl is still reading

貓頭鷹

/imagine prompt Zentangle Owl has a body made of leaves , black and white Owl

狐狸

/imagine prompt Zentangle fox has a body made of leaves , black and white

刺蝟

/imagine prompt Zentangle Hedgehog has a body made of leaves , black and white

美女與花之二（處女座）

/imagine prompt Zentangle Virgo

魔法花園

/imagine prompt Zentangle magic garden , black and white

獅子座

/imagine prompt Zentangle Leo

月亮小王子

/imagine prompt Zentangle Le Petit Pri